高等院校化学实验教学改革规划教材

化工原理实验

第二版 **立体化** 教材

总主编　孙尔康　张剑荣

主　编　程振平　赵宜江

副主编　钱运华　施卫忠　刘晟波　吴萌萌

编　委　(按姓氏笔画排序)

文福姬　王丽华　王文丰　朱　媛

刘　飞　李彦兴　李万鑫　李梅生

李健秀　李娜君　杨冬亚　陆新华

沈玉堂　张正彪　林　军　周守勇

周　伟　胡　涛　夏雪伟　褚效中

程　茹

南京大学出版社

图书在版编目(CIP)数据

化工原理实验 / 程振平,赵宜江主编. —2 版. —
南京:南京大学出版社,2017.6(2023.7重印)
ISBN 978 - 7 - 305 - 18588 - 5

Ⅰ. ①化… Ⅱ. ①程… ②赵… Ⅲ. ①化工原理—实
验—高等学校—教材 Ⅳ. ①TQ02 - 33

中国版本图书馆 CIP 数据核字(2017)第 099693 号

出版发行 南京大学出版社
社　　址 南京市汉口路 22 号　　邮　编 210093
出 版 人 金鑫荣

丛 书 名 高等院校化学实验教学改革规划教材
书　　名 化工原理实验(第二版)
总 主 编 孙尔康 张剑荣
主　　编 程振平 赵宜江
责任编辑 刘　飞 蔡文彬　　　　编辑热线 025 - 83592146

照　　排 南京紫藤制版印务中心
印　　刷 南京玉河印刷厂
开　　本 787×1092 1/16 印张 12 字数 292 千
版　　次 2017 年 6 月第 2 版 2023 年 7 月第 3 次印刷
ISBN 978 - 7 - 305 - 18588 - 5
定　　价 29.00 元

网址:http://www.njupco.com
官方微博:http://weibo.com/njupco
官方微信号:njupress
销售咨询热线:(025)83594756

高等院校化学实验教学改革规划教材

编委会

总　主　编	孙尔康(南京大学)	张剑荣(南京大学)

副总主编　(按姓氏笔画排序)

朱秀林(苏州大学)	朱红军(南京工业大学)
孙岳明(东南大学)	董延茂(苏州科技大学)
何建平(南京航空航天大学)	金叶玲(淮阴工学院)
周亚红(江苏警官学院)	柳闽生(南京晓庄学院)
倪　良(江苏大学)	徐继明(淮阴师范学院)
徐建强(南京信息工程大学)	袁荣鑫(常熟理工学院)
曹　健(盐城师范学院)	

编　　　委　(按姓氏笔画排序)

马全红	卞国庆	王　玲	王松君
王秀玲	白同春	史达清	汤莉莉
庄　虹	李巧云	李健秀	何娉婷
陈国松	陈昌云	沈　彬	杨冬亚
邱凤仙	张强华	张文莉	吴　莹
郎建平	周建峰	周少红	赵宜江
赵登山	陶建清	郭玲香	钱运华
黄志斌	彭秉成	程振平	程晓春
路建美	鲜　华	薛蒙伟	

序

    化学是一门实验性很强的科学,在高等学校化学专业和应用化学专业的教学中,实验教学占有十分重要的地位。就学时而言,教育部化学专业指导委员会提出的参考学时数为每门实验课的学时与相对应的理论课学时之比,即为(1.1~1.2)∶1,并要求化学实验课独立设课。已故著名化学教育家戴安邦教授身前曾指出:"全面的化学教育要求化学教学不仅传授化学知识和技术,更训练科学方法和思维,还培养科学品德和精神。"化学实验室是实施全面化学教育最有效的场所,因为化学实验教学不仅可以培养学生的动手能力,而且也是培养学生严谨的科学态度、严密科学的逻辑思维方法和实事求是的优良品德的最有效形式;同时也是培养学生创新意识、创新精神和创新能力的重要环节。

    为推动高等学校加强学生实践能力和创新能力的培养,加快实验教学改革和实验室建设,促进优质资源整合和共享,提升办学水平和教育质量,教育部已于2005年在高等学校实验教学中心建设的基础上启动建设一批国家实验教学示范中心。通过建设实验教学示范中心,达到的建设目标是:树立以学生为本,知识、能力、素质全面协调发展的教育理念和以能力培养为核心的实验教学观念,建立有利于培养学生实践能力和创新能力的实验教学体系,建设满足现代实验教学需要的高素质实验教学队伍,建设仪器设备先进、资源共享、开放服务的实验教学环境,建立现代化的高效运行的管理机制,全面提高实验教学水平。为全国高等学校实验教学改革提供示范经验,带动高等学校实验室的建设和发展。

    在国家级实验教学示范中心建设的带动下,江苏省于2006年成立了"江苏省高等院校化学实验教学示范中心主任联席会",成员单位达三十多个高校,并在2006~2008年三年时间内,召开了三次示范中心建设研讨会。通过这三次会议的交流,大家一致认为要提高江苏省高校的实验教学质量,关键之一是要有一个符合江苏省高校特点的实验教学体系以及与之相适应的一套先进的教材。在南京大学出版社的大力支持下,在第三次江苏省高等院校化学实验教学示范中心主任联席会上,经过充分酝酿和协商,决定由南京大学牵头,成立江苏省高等院校化学实验教学改革系列教材编委会,组织东南大学、南京航空航天大学、苏州大学、南京工业大学、江苏大学、南京信息工程大学、南京师范大学、盐城师范学院、淮阴师范学院、淮阴工学院、苏州科技学院、常熟理工学院、江苏警官学院、南京晓庄学院等十五所高校实验教学的一线教师,编写《无机化学实验》、《有机化学实验》、《物理化学实验》、《分析化学实验》、《仪器分析实验》、《无机及分析化学实验》、《普通化学实验》、《化工原理实验》和至少跨两门二级学科(或一级学科)实验内容或实验方法的《综合化学实验》系列教材。

　　该套教材在教学体系和各门课程内容结构上按照"基础—综合—研究"三层次进行建设。体现出夯实基础、加强综合、引入研究和经典实验与学科前沿实验内容相结合、常规实验技术与现代实验技术相结合等编写特点。在实验内容选择上,尽量反映贴近生活、贴近社会,与健康、环境密切相关,能够激发学生学习兴趣,并且具有恰当的难易梯度供选取;在实验内容的安排上符合本科生的认知规律,由浅入深、由简单到综合,每门实验教材均有本门实验内容或实验方法的小综合,并且在实验的最后增加了该实验的背景知识讨论和相关延展实验,让学有余力的学生可以充分发挥其潜力和兴趣,在课后进行学习或研究;在教学方法上,希望以启发式、互动式为主,实现以学生为主体,教师为主导的转变,加强学生的个性化培养;在实验设计上,力争做到使用无毒或少毒的药品或试剂,体现绿色化学的教学理念。这套化学实验系列教材充分体现了各参编学校近年来化学实验改革的成果,同时也是江苏省省级化学示范中心创建的成果。

　　本套化学实验系列教材的编写和出版是我们工作的一项尝试,在教材中难免会出现一些疏漏或者错误,敬请读者和专家提出批评意见,以便我们今后修改和订正。

编委会

第二版前言

　　本书是化工原理实验教学长期改革的产物。书中突出满足 21 世纪化工科技发展对化工类高级人才的要求，尤其是创造能力的要求，强调实验教学所具有的实践性和工程性；力求通过实验培养学生掌握综合应用理论知识解决实际问题和正确表达实验结果的方法；开拓学生的实验思路，掌握新的实验技术和方法，增强学生的创新意识。

　　全书共分七章，由苏州大学、淮阴师范学院、盐城师范学院、淮阴工学院、苏州科技大学、江苏大学、南京师范大学、泰州学院和南京晓庄学院联合编写。在编写过程中，结合了这九所江苏省内高校多年教学实践经验，并广泛吸取国内外实验教材中的优点编写而成的。教材涉及的内容较广泛，分化工原理实验基础知识、实验误差分析与实验数据处理、化工基本物理量的测量、演示实验、基础实验、拓展实验以及化工原理实验仿真等。编写过程中力求兼顾经过多年发展所形成的多种实验装置，始终贯彻理论联系实际，注重实践环节，符合学生的认识规律及便于自学的原则。参与本书编写的人员有苏州大学程振平、夏雪伟；淮阴师范学院赵宜江、褚效中、周守勇、李梅生；淮阴工学院钱运华、李彦兴、周伟；盐城师范学院李万鑫、施卫忠；苏州科技大学刘晟波；晓庄学院朱媛；泰州学院吴萌萌；江苏大学杨冬亚；南京师范大学林军等。全书由苏州大学程振平和淮阴师范学院赵宜江统稿，南京工业大学谷和平老师审稿。

　　本书的内容适合于本科化工类专业、化学类专业、化学师范专业、应用化学专业以及材料类专业的化工原理实验、化工基础实验和化工专业实验教材。

　　本书的出版是一批为化工原理实验辛勤工作的老师们集体智慧的结晶，谨向他们表示最崇高的敬意和最衷心的感谢。但由于编者水平有限，加之本书很多内容是编者的经验和见解，不妥甚至错误之处，衷心地希望读者给予指教，帮助本书日臻完善。

编　者

2017 年 4 月

目　　录

第1章 概述

化工原理实验是用自然科学的基本原理和工程实验方法来解决化工和相关领域的实际问题,属于工程类实验范畴。工程实验以实际工程问题为研究对象,对于化学工程问题,由于被加工的物料千变万化,设备大小和形状相差悬殊,涉及的变量繁多,实验研究的工作量大而又难是可想而知的。因此,面对实际的工程问题,要求人们采用不同于基础学科的实验研究方法,即处理实际问题的工程实验方法。化工原理实验就是一门以处理工程问题的方法论指导人们去研究和处理实际化工过程问题的实验课程。

化工原理课程的教学在于指导学生掌握各种化工单元操作的工程知识和计算方法,但仅有这些是远远不够的。由于化工过程问题的复杂性,许多工程因素的影响仅从理论上是难以解释清楚的,即便从理论上做出定性的分析,也难于给出定量的描述,特别是有些重要的设计或操作参数,根本无法从理论上计算,必须通过必要的实验加以确定或获取。在化工原理实验中,每个实验项目就是化工生产中的一个单元操作,每一个化工产品的生产就是由多个这样的单元操作通过一定的组合方式实现的。所以通过化工原理实验既能使学生建立一定的工程概念;同时又可以使学生得到工程实验测试方法、研究方法和处理方法等方面的锻炼,对于初步接触化工单元操作的学生来说,有必要通过实验来加深对有关过程及设备的认识和理解。因此,化工原理实验是化工原理课程教学的一个重要的环节,在化工原理教学过程中占有不可替代的重要地位。

§1.1 化工原理实验的教学目的和要求

一、教学目的

化工原理实验操作是化工原理教学过程中的一个重要组成部分,结合其自身的特点和体系,通过化工原理实验应达到如下教学目的。

(1) 根据化工原理实验目的,能分析实验测定原理,设计实验流程图,选择实验装置,编写实验的具体步骤。

(2) 结合已有的实验装置,对化工设备、化工管路的构成建立一个初步的认识,通过实验操作,培养学生的动手能力,掌握化工单元设备的操作技术。

(3) 通过实验,培养学生对实验现象敏锐的观察能力、正确获取实验数据的能力,根据实验数据和实验现象,能用所学的知识归纳、分析实验结果,培养学生从事科学研究的初步能力。

(4) 掌握化工原理实验的原理、方法和技巧,获得化工实验技能的基本训练。

(5) 培养学生运用所学知识,分析和解决实际问题的能力。在理论与实践相结合的过程中,巩固并加深对课堂化工原理理论教学内容的认识。

(6)学会实验报告的书写方法,培养书写工程文件的能力。

综上所述,化工原理实验教学是化工专业教学过程中一个非常重要的环节,其目的是注重对学生工程实践能力的全面培养。

二、教学要求

1. 实验前的准备工作

(1)充分准备,做好课前预习。

课前预习的一般要求:认真阅读化工原理实验指导书,了解实验内容,明确所做实验的目的、任务和要求;掌握实验依据的原理、基本理论知识;根据实验流程图,构思实验装置,熟悉实际实验装置(或流程);提出具体的实验操作步骤;思考实验应得到的结论,学习实验注意事项。

(2)熟悉实验设备、流程,了解操作方法和测控点。

全面了解实际的实验装置及所用的设备,熟悉实验流程及管件等,根据实验操作步骤,熟悉操作,了解数据测控点。

2. 实验操作、观察与记录

(1)严格操作,循序进行。

进行化工原理实验时,首先要仔细检查实验装置及仪器、仪表是否完整(尤其是电路的接线及传动部件,以确保安全)。准备完毕,经指导教师允许后,方可进行操作。

实验过程要严格执行化工原理实验指导书中所列的操作步骤、具体操作方法和规定,循序进行,未经指导老师认可不得随意变更操作步骤、方法和规程。

(2)认真观察,客观记录。

化工原理实验中要注意仔细观察所发生的实验现象,认真记录实验所测得的各项数据。

在实验前,必须学会有关测量仪表的使用方法及操作参数的调节。实验过程中,密切注意仪表指示值的变化,及时调节,使整个操作过程在规定的条件下进行,减少人为误差。

实验现象稳定后才能开始读数、记录数据。在刚改变条件时,不能急于测量记录。如流体流动实验,阀门开度刚改变时,流体流动不够稳定,这时测定的数据是不可靠的。

实验中若出现不正常的情况,如数据有明显误差时,应在备注栏中注明,说明产生不正常现象的原因,提出改进或应予避免的合理化建议。

3. 实验结果处理的要求——编写完整、规范的实验报告

实验结束后,对测取的数据、观察到的实验现象和发现的问题进行分析,得出实验结论。所有这些工作应以实验报告的形式进行综合整理。实验报告作为实验文件,也是作为化工原理实验成绩评定的重要依据。

书写实验报告时应本着实事求是的态度,不能以任何理由随意更改所测得的实验数据。尊重所测数据,寻找产生误差的原因,才是从事科学实验的正确态度。

化工原理实验报告是以实验目的、原理和装置为基础的,依据规定和合理的操作步骤,测取正确、可靠的实验数据,最终分析、讨论得到实验结论的完整文件。具体的实验报告可参照下列文件格式撰写。

(1)实验目的:指出实验所要达到的目的。

（2）实验原理:简述实验所依据的测定原理和所涉及的理论基础。

（3）实验装置:画出实际的实验装置流程图,标出主要设备和监测仪表、设备的类型及规格。

（4）实验步骤:结合实验操作过程,简述操作方法、步骤等。

（5）实验数据处理:用表格的形式整理实测数据,依据实验原理完成数据的计算处理,计算步骤要全面清晰。进行类型相同的多组数据的处理时,可以用一组数据处理的全过程为例进行整理,其他数据的处理、计算过程如果类似,整理过程可以省略,只将计算结果列于表中。

（6）实验结果及讨论、分析:

① 给出所做实验的结果;

② 讨论实验结果与理论值的一致性,分析产生误差的原因;

③ 回答实验指导书中关于实验的问题;

④ 针对产生误差的原因,提出合理化建议。

实验报告的重点应放在实验数据的处理和实验结果的分析讨论方面。

§1.2　化工原理实验操作的基本知识

化工原理实验一般以 3～4 人为一组,因此实验操作时要求实验小组的成员各司其职(包括单元操作、读取数据、安全防范等),并且在适当的时候轮换岗位,做到既有分工又相互配合地完成实验。

一、化工原理典型单元操作知识

化工原理中的设备单元操作是化工生产中共有的操作,同一单元操作用于不同的化工生产及化工科学研究实验过程,其控制原理一般是相同的。下面简要介绍化工原理实验中较为常见的离心泵、精馏塔、吸收塔、萃取塔及干燥单元操作过程中的相关基本知识。

1. 离心泵的基本操作知识

（1）离心泵的启停

离心泵启动前要进行盘车,即用手转动泵轴,检查确认泵轴旋转灵活后方可启动泵,以防止泵转轴被卡住,造成泵电机的超负荷运转,发生电机烧毁或其他事故。要向泵体内灌满待输送的液体,使泵体内空气排净,以防止气缚现象的发生,使泵无法正常运转。启动泵时电动机的电流是正常运转的 5～7 倍,为避免烧毁电机,应使启动泵时轴功率消耗最小,因此离心泵启动前应关闭泵出口阀,使泵在最低负荷状态下启动。

离心泵启动后,应立即查看泵的出口压力表是否有压力,若无出口压力,应立即停泵,重新灌泵,排净泵体内的空气后再次启动;若有出口压力,应缓慢打开泵的出口阀调至所需要的流量。

离心泵停车时,应先缓慢关闭泵的出口阀,再停电机,以免高压液体的倒流冲击而损坏泵。

（2）离心泵的流量调节

离心泵在正常运行中常常因需求量的改变而要改变泵的输送流量,因此需要对泵的流量进行调节,常用的调节方法如下。

① 调节泵出口阀的开度

调节泵出口阀的开度实际上是通过改变管路流体的流动阻力,从而改变流量。当调大泵出口阀的开度时,管路的局部阻力减小,流量增大;当调小泵出口阀的开度时,管路的局部阻力增大,流量减小,达到调节流量的目的。这种调节流量的方法快速简便,流量连续可调,应用广泛,其缺点是减小阀门开度时,有部分能量因克服阀门的局部阻力而额外消耗,在调节幅度较大时,使离心泵处于低效区工作,因此操作不经济。

实验时应特别注意,不能用减小泵入口阀开度的方法来调节流量,这种方法极有可能使离心泵发生气蚀现象,破坏泵的正常运行。

② 改变泵的叶轮转速

从离心泵的特性可知,转速增大流量增大,转速减小流量减小,因而改变泵的叶轮转速就可以起到调节流量的作用。这种调节方法不增加管路阻力,因此没有额外的能量消耗,经济性好。缺点是需要装配有变频(变速)装置才能改变转速,设备费用投入大,通常用于流量较高、调节幅度较大的实验。

③ 改变泵叶轮的直径

改变泵叶轮的直径可以改变泵的特性曲线,由离心泵的切割定律可知,流量与叶轮直径成正比关系。但更换叶轮很不方便,故生产上很少采用。

2. 精馏塔的操作控制知识

维持精馏塔正常稳定的操作方法是控制三个平衡,即物料平衡、气液平衡、热量平衡。该过程实际是控制塔内气、液相负荷的大小,以保证塔内良好的传热传质,获得合格产品。但塔内气、液相负荷是无法直接控制的,生产或实验过程中主要通过控制压力、温度、进料量、回流比等操作条件来实现。

(1) 精馏塔压力的控制

精馏塔压力的控制是精馏操作的基础,塔的操作压力一经确定,就应保持恒定。操作压力的改变将会使塔内气液相平衡关系发生变化。影响塔压力变化的因素很多,在操作中应根据具体情况进行控制。

在正常操作中,若进料量、塔釜温度及塔顶冷凝器的冷凝剂量都不变化,则塔压力随采出量的变化而发生变化。采出量大,塔压力下降,采出量小,塔压力升高,因此稳定采出量可使塔压力稳定。当釜温、进料量以及塔顶采出量都不变化时,塔压力却升高,可能是冷凝器的冷凝剂量不足或冷凝剂温度升高引起的,应增大冷凝剂量,有时也可加大塔顶采出量或降低釜温以保证不超压。如果塔釜温度突然升高,塔内上升蒸气量增大,导致塔压力升高,这种情况应迅速减少塔釜加热量及增大塔顶冷凝器的冷凝剂量或加大采出量,及时调节塔的温度至正常。如果是塔釜温度突然降低,则情况相反,处理方法也相反。

(2) 精馏塔温度的控制

精馏塔的温度与气、液相的组成有着对应的关系。在精馏过程中,塔的操作压力恒定时,稳定塔顶的温度至关重要,可保证塔顶馏出液产品的组成。塔顶温度主要受进料量、进料组成、操作压力、塔顶冷凝器的冷凝剂量、回流温度、塔釜温度等因素影响。因此,控制塔顶温度应根据影响因素而做出对应的调节。若塔顶温度随塔釜温度改变时,应着重调节塔釜温度使塔顶温度恢复正常;若是因塔顶冷凝器的冷凝效果差、回流温度高而导致塔顶温度升高的,应增大塔顶冷凝器冷凝剂量以降低回流温度,从而达到控制塔顶温度的目的;若精馏段灵敏板的温度升高,塔顶产品轻组分浓度下降,此时应适当增大回流比,使其温度降至规定值,从而保证塔顶产品质量;若提馏段灵敏板的温度下降,塔底产品轻组分的浓度增大,应适当增大再沸器加热量,使塔釜温度上升至规定值。有时塔釜温度会随着塔的进料量或回流量的改变而改变,因此在改变进料量或回流量的同时应注意维持塔釜的正常温度。

（3）精馏塔进料量的控制

在实验过程中不能随意改变进料量,进料量的改变会使塔内气、液相负荷发生变化,影响塔的物料平衡以及塔效率。进料量增大,上升气体的速度接近液泛速度时,传质效果最好,超过液泛速度将会破坏塔的正常操作。若进料量超过塔釜和冷凝器的负荷范围,将引起气液平衡组成的变化,造成塔顶、塔釜产品质量不合格。进料量减小,气速降低,对传质不利,严重时易造成漏液,分离效果不好。因此,进料量应保持稳定状态。工艺要求改变时,应缓慢调节进料阀,同时维持全塔的总物料平衡,否则当进料量大于出料量时会引起淹塔,当进料量小于出料量时会出现塔釜蒸干现象。

（4）回流比的控制

回流量与塔顶采出量之比称为回流比,回流比是影响精馏过程分离效果的重要因素,它是控制产品质量的主要手段。在精馏过程中产品的质量和产量的要求是相互矛盾的。在塔板数和进料状态等参数一定的情况下,增大回流比可提高塔顶产品轻组分的纯度,但在再沸器负荷一定的情况下,会使塔顶产量降低。回流比过大,将会造成塔内循环量过大,甚至破坏塔的正常操作;回流比过小,塔内气液两相接触不充分,分离效果差。因此,回流比是一个既能满足生产要求,又能维持塔内正常操作的重要参数。回流比一经确定,就应保持相对稳定。

（5）精馏塔的采出量

① 塔顶采出量

进料量一定,在冷凝器负荷不变的情况下降低塔顶产品的采出量,可使回流量及塔压差增大,塔顶产品纯度提高,但产量减少。塔顶采出量增加,造成回流量减少,因此精馏塔的操作压力降低,重组分被带到塔顶,致使塔顶产品不合格。

② 塔底采出量

正常操作中,塔底采出量应符合塔的总物料平衡公式,若采出量太小,造成塔釜液位逐渐升高,至充满整个加热釜的空间,使塔釜液体难于汽化,此时将会影响塔底产品的质量。若采出量太大,致使塔釜液位过低,则上升蒸气量减少,使板上传质条件变差,板效率下降。可见,塔底采出量应以控制塔釜内液面高度一定并维持恒定为原则。

（6）精馏塔操作状况的判断

① 塔板上气、液接触情况

（a）气液鼓泡接触状态:上升蒸气的流速较慢,气液接触面积不大。

（b）泡沫接触状态:气速连续增加,气泡数量急剧增加,同时不断碰撞和破裂,板上液体大部分以膜的形式存在于气泡之间,形成一些直径较小、搅动十分剧烈的动态泡沫,是一种较好的塔板工作状态。

（c）气液蜂窝状接触状态:气速增加,上升的气泡在液层中积累,形成以气体为主的类似蜂窝状泡结构的气泡泡沫混合物,这种状态对传热、传质不利。

(d) 喷射接触状态:气速连续增加,将板上的液体破碎,并向上喷成大小不等的液滴,直径较大的液滴落回塔板上,直径较小者会被气体带走形成液沫夹带。

② 塔板上的不正常现象

(a) 严重的漏液现象:气相负荷过小,塔内气速过低,大量液体从塔板开孔处垂直落下,使精馏过程中气液两相不能充分接触,严重漏液会使塔板因不能建立起液层而无法正常操作。

(b) 严重的雾沫夹带现象:在一定的液体流量下,塔内气体上升速度增至某一定值时,塔板上某些液体被上升的高速气流带至上层塔板,这种现象称为雾沫夹带,气速越大,雾沫夹带越严重,塔板上液层越厚,严重时将会发生夹带液泛。雾沫夹带是一种与液体主流方向相反流动的返混现象,会降低板效率,破坏塔的正常操作。

(c) 液泛现象

夹带液泛:塔内上升气速很大时,液体被上升气体夹带到上一层塔板,流量猛增,使塔板间充满气液混合物,最终使整个塔内都充满液体。

溢流液泛:受降液管通过能力的限制,导致液体不能通过降液管往下流,而积累在塔板上,引起溢流液泛,破坏塔的正常操作。

3. 吸收塔的操作控制知识

吸收操作以净化气体为目的时,主要的控制指标为吸收后的尾气浓度;当吸收液为产品时,主要控制指标为出塔溶液的浓度。吸收操作过程的主要控制因素有压力、温度、气流速度、吸收剂用量、吸收剂中吸收质的浓度。

(1) 压力的控制

提高吸收系统的压力,可以增大吸收推动力,提高吸收率。但压力过高,会增大动力消耗,对设备的承受强度要求高,设备投资及生产费用加大,因此能在常压下进行吸收操作的不用高压操作。实际操作压力主要由原料气组成及工艺要求决定。

(2) 温度的控制

吸收塔的操作温度对吸收速率影响很大,操作温度升高,容易造成尾气中溶质浓度升高,吸收率下降;降低操作温度,可增大气体溶解度,加快吸收速率,提高吸收率。但若温度过低,吸收剂黏度增大,吸收塔内流体流动性能状况变差,增加输送能耗,影响吸收的正常操作。因此,操作中应维持已选定的最佳操作温度。对于有明显热效应的吸收过程,通常塔内或塔外设有中间冷却装置,此时应根据具体情况控制塔的操作温度在适宜状态。

(3) 气流速度的控制

气流速度的大小直接影响吸收过程。气流速度小,气体湍动不充分,吸收传质系数小,不利于吸收;气流速度大,使气、液膜变薄,减少气体向液体扩散的阻力,有利于气体的吸收,同时也提高了单位时间内吸收塔的生产效率。但气流速度过大时,会造成气液接触不良、雾沫夹带甚至液泛等不良现象,不利于吸收。因此,要选择一个最佳的气流速度,从而保证吸收操作高效稳定的进行。

(4) 吸收剂用量的控制

吸收剂用量过小,塔内喷淋密度较小,填料表面不能完全湿润,气、液两相接触不充分,使传质面积下降,吸收效果差,尾气中溶质的浓度增加;吸收剂用量过大,塔内喷淋密度过大,流体阻力增大,其至会引起液泛。因此,需要控制适宜的吸收剂用量使塔内喷淋密度在最佳状态,从而保证填料表面润湿充分和良好的气、液接触面。

（5）吸收剂中吸收质浓度的控制

对于吸收剂循环使用的吸收过程,若吸收剂中溶质浓度增加,会引起吸收推动力减小,尾气中溶质的浓度增加,严重时其至达不到分离要求。降低吸收剂中溶质的浓度,可增大吸收推动力,在吸收剂用量足够的情况下,尾气中溶质的浓度降低。因此,入塔吸收剂的浓度增加时,要对解吸系统进行调整,以保证解吸后循环使用的吸收剂符合工艺要求。

（6）吸收系统的拦液和液泛

吸收系统设计时已经考虑了引起液泛的主要原因,因此按正常操作一般不会发生液泛,但当操作负荷大幅度波动、溶液起泡、气体夹带的雾沫过多时,就会形成拦液甚至液泛。操作中判断液泛的方法通常是观察塔的液位,操作中溶液循环量正常而塔内液位下降、气体流量没变而塔的压差增大是可能要发生液泛的前兆。防止拦液和液泛发生的措施是严格控制工艺参数,保持系统操作平稳,尽量减轻负荷波动次数,发现问题要及时处理。

4. 萃取过程的操作控制知识

萃取实验中主要控制的参数包括总流量、温度、搅拌强度、相界面高度等。

（1）总流量的控制

总流量即为轻、重两相流量的总和,控制总流量其实是控制萃取设备的生产能力,设备最大处理量一般在试运行时已经测定,但实验过程中原料液的组成可能发生变化,因此要根据情况对两相流量作适当的调整控制。流量调整前应先调出液泛状态,确定液泛状态的总流量,然后在低于液泛状态的总流量下进行流量调整控制。

（2）温度的控制

温度对大多数萃取体系都有影响,这些体系都是通过温度对萃取剂和原料液的物理性质(溶解度、黏度、密度、界面张力)产生影响。但温度过高,会增加萃余相的挥发损失,因此操作温度应适当控制。

（3）搅拌强度的控制

萃取过程中随着原料液组分、操作温度的变化,特别是界面絮凝物的积累,常常会影响混合相和分散相的特性,这就需要调整搅拌强度。搅拌强度与转速和叶轮直径(脉冲频率)成正比。搅拌强度越大,两相混合越好,传质效率越高。但相的分离则与此相反,因此在研究实验中要根据不同的萃取体系,通过控制搅拌器的转速来调整适宜的搅拌强度。

（4）相界面高度的控制

相界面的位置直接影响两相的分离和夹带,相界面的位置最好位于重相入口和轻相出口之间,相界面的高度可以通过界面调节器来控制。

（5）液泛现象

萃取塔运行中若操作不当,会发生分散相被连续相带出塔设备外的情况,或者发生分散相液滴凝聚成一段液柱并把连续相隔断,这种现象称为液泛。刚开始发生液泛的点称为液泛点,这时分散相、连续相的流速为液泛流速。液泛是萃取塔操作时容易发生的一种不正常的操作现象。

液泛的产生不仅与两相流体的物理性质(如黏度、密度、表面张力等)有关,而且与塔的类型、内部结构有关。对一特定的萃取塔操作时,当两相流体选定后,液泛由流速(流量)或振动脉冲频率和幅度的变化所引起,即流速过大或振动频率过快时容易发生液泛。

5. 干燥过程的调节控制知识

对于一个特定的干燥过程,干燥器和干燥介质已选定,同时湿物料的含水量、水分性质、温度及要求的干燥质量也一定。此时能调节的参数只有干燥介质的流量、进出干燥器的温度以及出干燥器时的湿度参数。这些参数相互关联、相互影响,当规定其中的任意两个参数时,另外两个参数也就确定了,即在对流干燥操作中,只有两个参数可以作为自变量而加以调节。在实际操作中,通常调节的参数是进入干燥器的干燥介质的温度和流量。

(1) 干燥介质的进口温度和流量的调节

为了强化干燥过程,提高经济效益,在物料允许的最高温度范围内,干燥介质预热后的温度应尽可能高一些。同一物料在不同类型的干燥器中干燥时允许的介质进口温度不同。如在干燥器中,由于物料在不断翻动,表面更新快,干燥过程均匀、速率快、时间短,此时介质的进口温度可较高。而在厢式干燥器中,由于物料处于静止状态,加热空气只与物料表面直接接触,容易使物料过热,应控制介质的进口温度不能太高。

增加空气的流量可以增大干燥过程的推动力,提高干燥速率,但空气流量的增加,会造成热损失增加,热利用率下降,使动力消耗增加;而且气速的增加,还会造成产品回收的负荷增加。生产中,要综合考虑温度和流量的影响,合理选择。

(2) 干燥介质出口温度和湿度的影响及控制

当干燥介质的出口温度提高时,废气带走的热量增大,热损失增大;如果介质的出口温度太低,废气中含有相当多的水汽,这些水汽可能在出口处或后面的设备中达到露点,析出水滴,破坏干燥的正常操作,导致干燥产品的返潮和设备受腐蚀。

离开干燥器时,干燥介质的相对湿度增加,会导致一定的干燥介质带走的水汽量增加。但相对湿度增加,会导致过程推动力降低、完成相同干燥任务所需的时间增加或干燥器尺寸增大,最终使总的费用增大。因此,必须根据具体情况全面考虑。

对于一台干燥设备,干燥介质的最佳出口温度和湿度应通过实验来确定,在生产上或实验中控制干燥介质的出口温度和湿度主要是通过调节介质的预热温度和流量来实现。例如,同样的干燥处理量,提高介质的预热温度或加大介质的流量,都可使介质的出口温度上升,相对湿度下降。在设有废气循环使用的干燥装置中,将循环废气与新鲜空气混合进入预热器加热后,再送入干燥器,以提高传热和传质系数,减少热损失,提高热能的利用率。但废气的循环利用会使进入干燥器的湿度增大,干燥过程中的传质推动力下降。因此,在进行废气循环操作时,应在保证产品质量和产量的前提下,适当调节废气循环比。

二、化工原理实验测定、记录和整理数据知识

1. 实验测取的数据

凡是影响实验结果或是整理数据时必需的参数都应测取,包括大气条件、设备的有关尺寸、物理性质及操作数据等。凡可以根据某一数据导出或能从手册中查得的数据就不必直接测定。例如水的密度、黏度、比热等物理性质,一般只要测出水温后即可查出,因此不必直接测定这些性质,只需测定水温就可以了。

2. 实验数据的读取及记录

(1) 根据实验目的的要求,在实验前做好数据记录表格,在表格中应标明各项物理量的名

称、表示符号及单位。

（2）待实验现象稳定后开始读取数据,若改变条件,应使体系稳定一定时间后再读取数据,以防止出现因仪表滞后而导致读数不准的情况。

（3）每个数据记录后,应该立即复核,以免发生读错或写错数据的情况。

（4）数据的记录必须反映仪表的精度,一般要记录到仪表最小分度以下一位数。

（5）实验中如果出现不正常情况,以及数据有明显误差时,应在备注栏中加以注明。

3. 实验数据的整理

（1）原始记录数据只可进行整理,绝不可修改。不正确数据可以注明后不计入结果。

（2）同一实验点的几个有波动的数据可先取其平均值,然后进行整理。

（3）采用列表法整理数据清晰明了,便于比较。在表格之后应附计算示例以说明各项之间的关系。

（4）实验结果可用列表、绘制曲线或图形、书写方程式的形式表达。

三、化工原理实验危险药品安全使用知识

为了确保设备和人身安全,从事化工原理实验的人员必须具备以下危险品安全知识。实验室常用的危险品必须合理分类存放。对不同的危险药品,在为扑救火灾而选择灭火剂时,必须针对药品的性质进行选用,否则不仅不能取得预期效果,反而会引起其他危险。化工原理的精馏实验可能会用到乙醇、苯、甲苯等药品,吸收实验可能会用到丙酮、氨气等药品,拓展实验的萃取精馏、催化反应精馏也会用到不少化学药品,其中也包含了危险药品,这些危险药品大致可分为下列几种类型。

1. 易燃品

易燃品是指易燃的液体、液体混合物或含有固体物质的液体。在闭杯实验中测得其闪点等于或低于 $61℃$。易燃液体在化工原理实验室内容易挥发和燃烧,达到一定浓度时遇明火即着。若在密封容器内着火,甚至会造成容器因超压而破裂、爆炸。易燃液体的蒸气一般比空气重,当它们在空气中挥发时,常常在低处或地面上漂浮。因此,在距离存放这类液体处相当远的地方也可能着火,着火后容易蔓延并回传,引燃容器中的液体。所以使用这类物品时必须严禁明火、远离电热设备和其他热源,更不能同其他危险品放在一起,以免引起更大危害。

化工原理精馏实验及反应精馏中会涉及有机溶液加热,其蒸气在空气中的含量达到一定浓度时,就能与空气(实际上是氧气)构成爆炸性的混合气体。这种混合气体若遇到明火会发生闪燃爆炸。在实验中如果认真严格地按照安全规程操作,是不会有危险的。因为构成爆炸应具备两个条件,即可燃物在空气中的浓度在爆炸极限范围内和有点火源存在。因此防止爆炸的方法就是使可燃物在空气中的浓度在爆炸极限以外。故在实验过程中必须保证精馏装置严密、不漏气,保证实验室通风良好。在进行精馏易燃液体、有机物品时,加料量绝不允许超过容器的 $2/3$。在加热和操作的过程中,操作人员不得离岗,不允许在无操作人员监视下加热。禁止在室内使用有明火和敞开式的电热设备,也不能加热过快,致使液体急剧汽化,冲出容器,也不能让室内有产生火花的必要条件存在。总之,只要严格掌握和遵守有关安全操作规程就不会发生事故。

2. 有毒品

有毒品是指进入人体后,累积达一定的量时,能与体液和组织器官发生生物化学作用或生物物理学作用,扰乱或破坏机体的正常生理功能,引起某些器官和系统暂时性或持久性的病理改变,甚至危及生命的物品。经口摄取的半数致死量(LD_{50}):固体 $LD_{50} \leqslant 500$ mg/kg,液体 $LD_{50} \leqslant 2\,000$ mg/kg;经皮肤接触 24 h 的半数致死量:$LD_{50} \leqslant 1\,000$ mg/kg;粉尘、烟雾及蒸气吸入的半数致死量 $LD_{50} \leqslant 10$ mg/L 的固体或液体。中毒途径有误服、吸入呼吸道、皮肤被沾染等,其中有有毒蒸气,如气压计中的汞,也有有毒固体或液体。根据对人体的危害程度,有毒物品可分为剧毒、致癌、高毒、中毒、低毒等类别。使用这类物质时应十分小心,以防止中毒。实验所用的有毒品应有专人管理,建立购买、保存、使用档案。剧毒品的使用与管理,还必须符合国家规定的五双条件:即两人管理,两人收发,两人运输,两把锁,两人使用。化工原理实验室中的水银气压计中的汞、吸收实验中需用的丙酮、反应精馏实验中需用的甲醛等都属于此类有毒品。

在化工原理实验中,往往被人们所忽视的有毒物质是压差计中的水银。如果操作不慎,压差计中的水银可能被冲洒出来。水银是一种累积性的有毒物质,水银进入人体不易被排出,累积多了就会中毒。因此,一方面装置中应尽量避免采用水银;另一方面要谨慎操作,开关阀门要缓慢,防止冲走压差计中的水银,操作过程要小心,不要碰破压差计。一旦水银冲洒出来,一定要尽可能地将它收集起来,无法收集的细粒,也要用硫磺粉和氯化铁溶液覆盖。因为细粒水银蒸发面积大,易于蒸发汽化,不易采用扫帚扫或用水冲的办法消除。

3. 易制毒化学品

易制毒化学品是指用于非法生产、制造或合成毒品的原料、配剂等化学药品,包括用以制造毒品的原料前体、试剂、溶剂及稀释剂、添加剂等。易制毒化学品本身并不是毒品,但具有双重性。易制毒化学品既是一般医药、化工生产的工业原料,又是生产、制造或合成毒品中必不可少的化学品。

化工原理吸收实验中可能用到的丙酮、精馏实验中可能用到的甲苯等都属于受管制的三类药品。这些易制毒化学品应按规定实行分类管理。使用、储存易制毒化学品的单位必须建立、健全易制毒化学品的安全管理制度。单位负责人负责制定易制毒化学品的安全使用操作规程,明确安全使用注意事项,并督促相关人员严格按照规定操作。教学负责人、项目负责人对本组的易制毒化学品的使用安全负直接责任。落实保管责任制,责任到人,实行两人管理。管理人员需报公安部门备案,管理人员的调动需经部门主管批准,做好交接工作,并进行备案。

四、化工原理实验室消防安全知识

实验操作人员必须了解消防知识。实验室内应准备一定数量的消防器材,实验人员应熟悉消防器材的存放位置和使用方法,绝不允许将消防器材移作他用。实验室常用的消防器材包括以下几种。

1. 火沙箱

易燃液体和其他不能用水灭火的危险品着火时可用沙子来扑灭。它能隔绝空气并起降温作用,达到灭火的目的。但沙中不能混有可燃性杂物,并且要干燥。潮湿的沙子遇火后因水分蒸发,易使燃着的液体飞溅。沙箱中存沙有限,实验室内又不能存放过多沙箱,故这种灭火工具只能扑灭局部小规模的火源。对于大面积火源,因沙量太少而作用不大。此外还可用其他不燃性固体粉末灭火。

2. 石棉布、毛毡或湿布

这些器材适合迅速扑灭火源区域不大的火灾,也是扑灭衣服着火的常用方法。这种灭火方法的原理是通过隔绝空气达到灭火目的。

3. 泡沫灭火器

实验室多用手提式泡沫灭火器。它的外壳用薄钢板制成,内有一个玻璃胆,其中盛有硫酸铝,胆外装有碳酸氢钠溶液和发泡剂(甘草精)。灭火液由 50 份硫酸铝和 50 份碳酸氢钠及 5 份甘草精组成。使用时将灭火器倒置,立即发生化学反应,生成含 CO_2 的泡沫。此泡沫黏附在燃烧物表面上,通过在燃烧物表面形成与空气隔绝的薄层而达到灭火目的。它适用于扑灭实验室中发生的一般火灾。油类着火在开始时可使用,但不能用于扑灭电线和电器设备火灾,因为泡沫本身是导电的,这样会造成扑火人触电。

4. 四氯化碳灭火器

该灭火器是在钢筒内装有四氯化碳并压入 0.7 MPa 的空气,使灭火器具有一定的压力。使用时将灭火器倒置,旋开手阀即喷出四氯化碳。四氯化碳是不燃液体,其蒸气比空气重,能覆盖在燃烧物表面,使燃烧物与空气隔绝而达到灭火的目的。四氯化碳灭火器适用于扑灭电器设备的火灾,但使用时因为四氯化碳是有毒的,灭火人员要站在上风侧。室内灭火后应打开门窗通风一段时间,以免中毒。

5. 二氧化碳灭火器

此类灭火器的钢筒内装有压缩的二氧化碳。使用时,旋开手阀,二氧化碳就能急剧喷出,使燃烧物与空气隔绝,同时降低空气中氧气的含量。当空气中含有 12%～15% 二氧化碳时,燃烧就会停止。使用此类灭火器时要注意防止现场人员窒息。

6. 其他灭火剂

干粉灭火剂可扑灭由易燃液体、气体、带电设备引发的火灾。1211(二氟一氯一溴甲烷,CF_2ClBr)灭火器适用于扑救由油类、电器类、精密仪器等引发的火灾。在一般实验室内使用不多,对大型及大量使用可燃物的实验场所应配备此类灭火剂。

§1.3　实验室安全用水、电、气

为保证化工原理实验室工作人员和国家财产的安全,保证教学、科研工作的正常开展,本着"安全第一,预防为主"的原则,实验人员应当充分了解实验室相关用电安全知识并严格遵守用电注意事项。

一、实验室安全用水

1. 给水

室内给水一般采用 PVC 水管或者 PPR 管。至于敷设方式,一般以管道暗敷设较为理想,暗敷设不仅可以保护管线,而且可以使室内整洁、安全。给水管引至设备处或实验室水盆位置,终端安装一阀门。要求每间实验配置一个总阀,控制整个房间给水,以便检修时不影响其他实验分室。

2. 排水

室内排水一般采用 PVC 水管或者 PPR 管,建议采用 PPR 管,PPR 管连接方式采用热熔焊接。排水管暗敷引至设备处或实验室水盆位置。要求每间实验室设置地漏,以防止水管爆裂、水龙头跑水等突发事故时能够给水排水,防治实验室泡水。

二、实验室安全用电

1. 保护接地和保护接零

正常情况下化工原理实验中使用的相关电器设备的金属外壳是不导电的,但设备内部的某些绝缘材料若损坏,金属外壳就会导电。当人体接触到带电的金属外壳或带电的导线时,就会有电流流过人体。带电体电压越高,流过人体的电流就越大,对人体的伤害也越大。当大于 10 mA 的交流电或大于 50 mA 的直流电通过人体时,就可能危及生命安全。我国规定 36 V(50 Hz)的交流电是安全电压。超过安全电压的用电就必须注意用电安全,防止触电事故。

为防止发生触电事故,要经常检查化工原理实验室使用的电器设备,寻找是否有漏电现象。同时要检查用电导线有无裸露在外以及电器设备是否有保护接地或保护接零的措施。

(1) 设备漏电测试

检查化工原理带电设备是否漏电,使用试电笔最为方便。它是一种测试导线和电器设备是否带电的常用电工工具,由笔端金属体、电阻、氖管、弹簧和笔尾金属体组成。大多数试电笔的笔尖为改锥形式。如果把试电笔尖端金属体与带电体接触,笔尾金属端与人的手部接触,那么氖管就会发光,而人体并无不适感觉。氖管发光说明被测物带电,使人员及时发现电器设备漏电。一般使用前要在带电的导线上预测,以检查试电笔是否正常。用试电笔检查漏电,只是定性的检查,若要得到电器设备外壳漏电的程度,就必须用其他仪表检测。

(2) 保护接地

保护接地是用一根足够粗的导线,一端接在化工原理设备的金属外壳上,另一端接在接地体上(专门埋在地下的金属体),使设备与大地连成一体。一旦发生漏电,电流通过接地导线流入大地,降低外壳对地电压。当人体接触其外壳时,流入人体的电流很小而不致触电,电器设备接地的电阻越小,电器使用越安全。如果电路有保护熔断丝,会因漏电产生电流而使保护熔断丝熔化并自动切断电源。目前采用这种保护接地方法的实验室较少,大部分实验室采用保护接零的方法。

(3) 保护接零

保护接零是把化工原理电器设备的金属外壳接到供电线路系统中的中性线上,而不需专设接地线和大地相连。这样,当电器设备因绝缘部分损坏而碰壳时,相线(即火线)、电器设备的金属外壳和中性线就形成一个“单相短路”的电路。由于中性线的电阻很小,短路电流很大,会使保护开关动作或使电路保护熔断丝断开,切断电源,消除触电危险。

在保护接零系统内,不应再设置外壳接地的保护方法。因为漏电时,可能由于接地电阻比接零电阻大,致使保护开关或熔断丝不能及时熔断,造成电源中性点电位升高,使所有接零的电器设备外壳都带电,反而增加了危险。

使用保护接零的方法是由供电系统中性点是否接地所决定的。对中性点接地的供电系统采用保护接零是既方便又安全的办法。但保证用电安全的根本方法是电器设备绝缘性良好,不发生漏电现象。因此,注意检测设备的绝缘性能是防止漏电造成触电事故的最好办法。

2. 实验室用电的导线选择

对于化工原理实验室的用电或实验流程中的电路配线,线路设计者要提出导线规格,有些流程要亲自安装,如果导线选择不当就会在使用中造成危险。导线种类很多,不同导线和不同配线条件都有安全截流值的规定。

在实验时,还应考虑电源导线的安全截流量。不能任意增加负载,否则会导致电源导线发热、造成火灾或短路的事故。合理配线的同时还应注意根据线路的负载情况恰当选配保护熔断丝,保护熔断丝的规格不能过大也不能过小。规格过大会失去保护作用,规格过小则在正常负荷下保险丝也会熔断而影响工作。

3. 实验室安全用电注意事项

化工原理实验中的电器设备较多,如对流传热系数的测定、干燥速率曲线的测定等实验所用的设备的用电负荷都较大。在接通电源之前,必须认真检查电器设备和电路是否符合规定要求,对于直流电设备应检查正负极是否接对;必须搞清楚整套实验装置的启动和停车操作顺序,以及紧急停车的方法。注意安全用电极为重要,对电器设备必须采取安全措施,操作者必须严格遵守下列操作规定。

(1) 进行实验之前必须了解室内总电闸与分电闸的位置,以便出现用电事故时及时切断各电源。

(2) 电器设备维修时必须停电作业。

(3) 带金属外壳的电器设备都应该保护接零,定期检查是否连接良好。

(4) 导线的接头应紧密牢固,接触电阻要小。裸露的接头部分必须用绝缘胶布包好,或者用绝缘管套好。

(5) 所有的电器设备在带电时不能用湿布擦拭,更不能有水落于其上。电器设备要保持干燥清洁。

(6) 电源或电器设备上的保护熔断丝或保险管都应按规定电流标准使用。严禁私自加粗保险丝及用铜或铝丝代替。当熔断保险丝后,一定要查找原因,消除隐患,而后再换上新的保险丝。

(7) 电热设备不能直接放在木制实验台上使用,必须用隔热材料垫架,以免引起火灾。

(8) 发生停电现象时,必须切断所有的电闸,防止操作人员离开现场后,因突然供电而导致电器设备在无人监控下运行。

(9) 合闸动作要快,要合得牢。合闸后若发现异常声音或气味,应立即拉闸,进行检查。如发现保险丝熔断,应立刻检查带电设备是否有问题,切忌不经检查便换上熔断丝或保险管就再次合闸,造成设备损坏。

(10) 离开实验室前,必须把分管本实验室的总电闸拉下。

三、实验室安全用气

在化工原理实验中,另一类需要引起特别注意的物品就是装在高压钢瓶内的各种高压气体。化工原理实验中所用的高压气体种类较多,一类是具有刺激性气味的气体,如吸收实验中的氨、二氧化硫等,这类气体的泄露一般容易被发觉;另一类是无色无味,但有毒或易燃、易爆的气体,如常作为化工原理色谱载气的氢气,室温下在空气中的爆炸范围为4%～75.2%(体积分数)。因此使用有毒或易燃、易爆气体时,系统一定要严密不漏气,尾气要导出室外,并注意室内通风。

高压钢瓶(又称气瓶)是一种贮存各种压缩气体或液化气体的高压容器。钢瓶的容积一般为40～60 L,最高工作压力为15 MPa,最低的也在0.6 MPa以上。瓶内压力很高,贮存的气体可能有毒或易燃易爆,故使用气瓶时一定要掌握气瓶的构造特点和安全知识,以确保安全。

气瓶主要有筒体和瓶阀构成,其他附件还有保护瓶阀的安全帽、开启瓶阀的手轮以及使运输过程减少震动的橡胶圈。在使用时瓶阀的出口还要连接减压阀和压力表。标准高压气瓶是按国家标准制造的,经有关部门严格检验后方可使用。各种气瓶使用过程中,还必须定期送有关部门进行水压试验。经过检验合格的气瓶,在瓶肩上应用钢印打上下列资料:制造厂家、制造日期、气瓶的型号和编号、气瓶的重量、气瓶的容积和工作压力、水压试验压力、水压试验日期和下次试验日期。

各类气瓶的表面都应涂上一定颜色的油漆,其目的不仅是为了防锈,主要是能从颜色上迅速辨别钢瓶中所贮存气体的种类,以免混淆。如氧气瓶为浅蓝色,氢气瓶为暗绿色,氮气、压缩空气、二氧化碳、二氧化硫等钢瓶为黑色,氦气瓶为棕色,氨气瓶为黄色,氯气瓶为草绿色,乙炔瓶为白色。

为了确保安全,在使用气瓶时,一定要注意以下几点。

(1) 当气瓶受到明火或阳光等热辐射作用时,气体因受热而膨胀,使瓶内压力增大,当压力超过工作压力时,就有可能发生爆炸。因此,在钢瓶运输、保存和使用时,应远离热源(明火、暖气、炉子等),并避免长期在日光下暴晒,尤其在夏天更应注意。

(2) 气瓶即使在温度不高的情况下受到猛烈撞击,或不小心将其碰倒跌落,都有可能引起爆炸。因此,钢瓶在运输过程中,要轻搬轻放,避免跌落撞击,使用时要固定牢靠,防止碰倒。更不允许用铁锤、扳手等金属器具敲打钢瓶。

(3) 瓶阀是钢瓶中的关键部件,必须保护好,否则将会发生事故。

① 若瓶内存放的是氧气、氢气、二氧化碳和二氧化硫等气体,瓶阀应用铜和钢制成。若瓶内存放的是氨气,则瓶阀必须用钢制成,以防腐蚀。

② 使用钢瓶时,必须用专用的减压阀和压力表。尤其是氢气和氧气的减压阀不能互换,为了防止氢气和氧气两类气体的减压阀混用造成事故,氢气表和氧气表的表盘上都注明有氢气表和氧气表的字样。在氢气及其他可燃气体的瓶阀中,连接减压阀的连接管为左旋螺纹,而在氧气等不可燃烧气体瓶阀中,连接管为右旋螺纹。

③ 氧气瓶阀严禁接触油脂。高压氧气与油脂相遇,会引起燃烧,甚至会发生爆炸。因此切莫用带油污的手和扳手开关氧气瓶。

④ 要注意保护瓶阀。开关瓶阀时一定要搞清楚方向,缓慢转动,旋转方向错误和用力过猛会使螺纹受损,可能导致冲脱,造成重大事故。关闭瓶阀时,注意使气瓶不漏气即可,不要关得过紧。气瓶用完和搬运时,一定要盖上保护瓶阀的安全帽。

⑤ 瓶阀发生故障时,应立即报告指导教师,严禁擅自拆卸瓶阀上的任何零件。

(4) 当钢瓶安装好减压阀和连接管后,每次使用前都要在瓶阀附近用肥皂水检查,确认不漏气才能使用。对于有毒或易燃易爆气体的钢瓶,除了应保证严密不漏外,最好单独放置在远离化工原理实验室的小屋里。

（5）钢瓶中的气体不要全部用尽。一般钢瓶使用到压力为 0.5 MPa 时,应停止使用。因为压力过低会给充气带来不安全因素,当钢瓶内的压力与外界大气压力相同时,会造成空气的进入。危险气体在充气时极易因为上述原因发生爆炸事故,这类事故已经发生过多次。

（6）输送易燃易爆气体时,流速不能过快,在输出管路上应采取防静电措施。

（7）气瓶必须严格按期检验。

§1.4　实验规划与设计

一、实验规划的重要性

实验规划又称实验设计,从 20 世纪 50 年代起,实验规划作为数学的一个重要分支,以数理统计原理为基础,起初是在生物科学上发展起来的,其后就迅速应用于自然科学、技术科学和管理科学等各个领域,并取得了令人瞩目的成就。在化工原理实验过程中,如何组织实验、如何安排实验点、如何选择检测变量、如何确定变化范围等都属于实验规划的范畴。

对于任何科学研究,实验是最耗费时间、精力和物力的,整个研究过程的主要成本也总是花在实验方面。所以一个好的实验设计要能以最少的工作量获取最大的信息,这样不仅可以大幅度地节省研究成本,而且往往会有事半功倍的效果。反之,如果实验计划设计不周,不仅费时、费力、费钱,而且可能导致实验结论错误。

化工原理中的实验工作大致可以归纳为以下两大类型。

1. 析因实验

影响某一过程或对象的因素可能有许多,如物性因素、设备因素、操作因素等。究竟哪几种因素对该过程或对象有影响,哪些因素的影响比较大,需在过程研究中着重考察,哪些因素的影响比较小可以忽略,哪些变量之间的交互作用会对过程产生不可忽视的影响,这些都是化工工作者在面对一个陌生的新过程时首先要考虑的问题。通常解决这一问题的途径主要是根据有关化工基础理论知识加以分析,或者直接通过实验来进行鉴别。由于化工过程的复杂性,即使是经验十分丰富的工程技术人员,也往往难以做出正确地判断,因此必须通过一定的实验来加深对过程的认识。从这一意义上说,析因实验也可称为认识实验。在开发新工艺或新产品的初始阶段,往往需要借助析因实验。

2. 过程模型参数的确定实验

无论是经验模型还是机理模型,其模型方程式中都含有一个或数个参数,这些参数反映了过程变量间的数量关系,同时也反映了过程中一些未知因素的影响。为了确定这些参数,需要进行实验以获得实验数据,再利用回归或拟合的方法来求取参数值。要说明的是,机理模型和半经验半理论模型是先通过对过程机理的分析建立数学模型方程,再有目的地组织少量实验拟合模型参数。经验模型往往是先通过足够的实验研究变量间的相互关系,然后通过对实验数据的统计回归处理得到相互的经验关联式,而事先并无明确的目的要建立什么样的数学模型。因此,所有的经验模型都可以看成变量间关系的直接测定产物。

二、实验范围与实验布点

在化工原理实验规划中,正确确定实验变量的变化范围和安排实验点的位置是十分重要的。如果变量的范围或实验点的位置选择不恰当,不但会浪费时间、人力和物力,而且可能导致错误的结论。

例如,在化工原理的流体流动阻力测定实验中,通常希望获得摩擦阻力系数 λ 与雷诺数 Re 之间的关系,实验结果可标绘在双对数坐标系中。在小雷诺数范围内,λ 随 Re 的增大逐渐变小,且变化趋势逐渐平缓;当 Re 增大到一定数值时,λ 则接近某一常数而不再变化,此即阻力平方区。若想用有限的实验次数正确地测定 λ 与 Re 的关系,在实验布点时,应当有意识地在小雷诺数范围内多安排几个实验点,而在大雷诺数范围内适当少布点。倘若曲线部分布点不足,即使总的实验点再多,也很难正确反映 λ 随 Re 的变化规律。

再如,测定离心泵效率特性曲线的实验中,一般随流量 Q 的增大,离心泵效率 η 先随之增大,在达到最高点后,流量 Q 再增大,泵的效率 η 反而随之降低。所以在组织该实验时,应特别注意正确确定流量的变化范围和恰当的布点。如果变化范围的选择过于窄小,则得不到完整的正确结果;若根据有限范围内进行的实验所得结论外推,则将得到错误的结果。

这两个化工原理实验的例子说明,不同实验点提供的信息是不同的。如果实验范围和实验点的选择不恰当,即使实验点再多,实验数据再精确,也达不到预期的实验目的。

如果实验设计不恰当,而试图靠精确的实验技巧或高级的数据处理技术加以弥补,是得不偿失甚至是徒劳的。相反,选择适当的实验范围和实验点的位置,即使实验数据稍微粗糙一些,数据少一些,也能达到实验目的。因此,在化工原理实验中,恰当的实验范围和实验点位置比实验数据的精确性更为重要。

三、实验规划方法

实验规划就是实验设计方法的讨论,属于数理统计的范畴。关于这方面内容的专著很多,本节仅从化工原理实验应用的角度,介绍几种常用的方法。

1. 网格实验设计方法

在确定了化工原理实验变量数和每个变量的实验水平数后,在实验变量的变化范围内,按照均匀布点的方式,将各变量的变化水平逐一搭配构成一个实验点,这就是网格实验设计方法。

显而易见,网格实验方法是把实验点安排在网格的各节点上。若实验变量数为 n,实验水平数为 m,则完成整个实验所需的实验次数为 m^n。显然,当过程的变量数较高时,实验次数显著增加。对于化工原理实验,涉及的变量除了物性变量,如黏度、密度、比热外,通常还要涉及流量、温度、压力、组成、设备结构尺寸等变量。因此,除了一些简单的过程实验,采用网格法安排实验是很不经济的,当涉及的变量较多时,更不适合采用此方法。

2. 正交实验设计方法

用正交实验表安排多变量实验的方法称为正交实验设计法,这也是科技人员进行科学研究的重要方法之一。该方法的特点是:完成实验所需的实验次数少;数据点分布均匀;可以方便地应用方差分析方法、回归分析方法等对实验结果进行处理,获得许多有价值的重要结论。

对于变量较多和变量间存在相互影响的情况,采用正交实验方法可带来许多方便,不仅实验次数可较网格法减少许多,而且通过对实验数据的统计分析处理,可以直接获得因变量与各自变量之间的关系式,还可通过鉴别出各自变量(包括自变量之间的相互作用)对实验结果影响程度的大小,从而确定哪些变量对过程是重要的,需要在研究过程中重点考虑,哪些变量的影响是次要的,可在研究过程中做一般考虑,甚至忽略。

3. 均匀实验设计方法

这是我国数学家方开泰运用数论方法,单纯地从数据点分布的均匀性角度出发所提出的一种实验设计方法。该方法是利用均匀设计表来安排实验,所需的实验次数要少于正交实验方法。当实验的水平数大于 5 时,宜选择采用该方法。

4. 序贯实验设计方法

传统的实验设计方法都是一次完成实验设计,当实验全部完成以后,再对实验数据进行分析处理。显然,这种先实验、后整理的研究方法是不尽合理的。一个有经验的科技人员总是会不断地从实验过程中获取信息,并结合专业理论知识加以判断,对不合理的实验方案及时进行修正,从而少走弯路。

因此,边实验,边对实验数据进行整理,并据此确定下一步研究方向的实验方法才是一种合理的方法。在以数学模型参数估计和模型筛选为目的的实验研究过程中,宜采用此类方法。序贯实验设计方法的主要思想是:先做少量实验,以获得初步信息,丰富研究者对过程的认识;然后在此基础上做出判断,以确定和指导后续实验的条件和实验点的位置。这样,信息在研究过程中有交流、有反馈,能最大限度地利用已进行的实验所提供的信息,将后续的实验安排在最优的条件下进行,从而节省大量的人力、物力和财力。

四、实验流程设计

流程设计是化工原理实验过程中的一项重要的工作内容。由于化工原理实验装置是由各种单元设备和测试仪表通过管路、管件、阀门等以系统合理的方式组合而成的整体,因此,在掌握实验原理,确定实验方案后,要根据前两者的要求和规定进行实验流程设计,并根据设计结果搭建实验装置,完成实验任务。

1. 化工原理实验流程设计的内容及一般步骤

(1) 化工原理实验流程设计一般包括以下内容:

① 选择主要设备

例如在测定离心泵特性曲线的有关实验中,选择不同型号及性能的泵;在精馏实验中选择不同结构的板式塔或填料塔;在传热实验中选择不同结构的换热器等。

② 确定主要检测点和检测方法

化工原理实验就是要通过对实验装置进行操作以获取相关的数据,并通过对实验数据的处理获得设备的特性或过程的规律,进而为工业装置或工业过程的设计与开发提供依据。所以为了获取完整的实验数据,必须设计足够的检测点并配备有效的检测手段。在实验中,需要测定的数据一般可分为工艺数据和设备性能数据两大类。工艺数据包括物体的流量、温度、压力及浓度等数据,以及主体设备的操作压力和湿度等数据;设备性能数据包括主体设备的特征尺寸、功率、效率或处理能力等。需要指出的是,这里所讲的两大类数据是要直接测定的原始变量数据,不包括通过计算获得的中间数据。

③ 确定控制点和控制手段

一套设计完整的化工原理实验装置必须是可操作和可控制的。可操作是指既能满足正常操作的要求,又能满足开车和停车等操作的要求;可控制是指能控制外部活动的影响。为满足这两点要求,设计流程必须考虑完备的控制点和控制手段。

(2) 化工原理实验流程设计的一般步骤:

① 根据实验的基本原理和实验任务选择主体单元设备,再根据实验需要和操作要求配套附属设备。

② 根据实验原理找出所有的原始变量,据此确定检测点和检测方法,并配置必要的检测仪表。

③ 根据实验操作要求确定控制点和控制手段,并配置必要的控制或调节装置。

④ 画出实验流程图。

⑤ 对实验流程的合理性做出评价。

2. 化工原理实验流程图的基本形式及要求

在化工原理设计中,通常都要求设计人员给出工艺过程流程图(Process Flow Diagram,PFD)和带控制点的管道流程图(Piping and Instrumentation Diagram,PID)。这两者都称为流程图,且部分内容相同,但前者主要包括物流走向、主要工艺操作条件、物流组成和主要设备特性等内容;后者包括所有的管道系统以及检测、控制、报警等系统,两者在设计中的作用是不相同的。

在化工原理实验中,要求学生给出带控制点的实验装置流程示意图,一般由三个部分内容组成:

(1) 画出主体设备及附属设备(仪器)的示意图。

(2) 用标有物流方向的连线(表示管路)将各设备连接起来。

(3) 在相应设备或管路上标注检测点和控制点。检测点用代表物理变量的符号加"I"表示,例如用"PI"表示压力检测点,"TI"表示温度检测点,"FI"表示流量检测点,"LI"表示液位检测点等,控制点则用代表物理量的符号加上"C"表示。

§1.5 化工原理实验守则

一、实验指导教师守则

为保证化工原理实验规范、有序地进行,特制定本守则,所有指导教师必须自觉遵守执行。

(1) 实验前应认真备课,写出详细教案。

(2) 在带领学生实验前,必须提前一周预做所指导的实验项目,了解装置的运行情况,如有问题,及时与实验室教师一起维修和调整。

(3) 必须认真指导学生做好实验的预习工作。

(4) 必须在实验开课前10分钟进入实验室,准备好有关实验事项,实验装置运行准备工作由实验室老师负责提前完成。

（5）必须认真检查学生预习报告，对预习不合格者有权停止其进行本次实验。

（6）应注意观察学生的操作情况，实验完毕应检查学生的数据记录，并在其数据记录纸上签字，发现有错误或不合格的应责令其及时重做。

（7）应认真按照教学规范批改实验报告。

（8）应按考核办法认真统计学生学期实验成绩并及时公布。

二、学生实验守则

为保证化工原理实验规范、有序地进行，特制定本守则，所有参与实验的学生必须自觉遵守执行。

（1）做好实验预习工作，准时进入实验室，不得迟到或早退，不得无故缺课。

（2）穿好实验工作服，长发者必须将头发盘起或戴安全帽；实验期间不得打闹、说笑或进行与实验无关的其他活动。

（3）遵守实验纪律，严肃认真地进行实验，并独立完成相应的实验报告。

（4）未做好预习，未全面了解实验流程前，不得擅自开动实验设备。

（5）不得随意触动与实验无关的设备或仪表开关。

（6）爱护实验设备、仪器仪表；节约用水、电、气和药品；注意安全及防火。

（7）保持实验现场和设备的整洁，禁止乱写乱画，衣物、书包等私人物品放在指定位置。

（8）实验结束后，需将实验数据交指导教师签字，并及时打扫实验室，将实验设备及仪器恢复到原始状态，经指导教师检查合格后方可离开。

三、实验室安全及卫生守则

化工原理实验室是学校进行教学和科研工作的重要基地，为保障师生的人身健康和安全，顺利完成化工原理教学任务，特制定如下守则，实验相关人员必须自觉遵守执行。

（1）实验中使用的易燃、易爆、有毒和强腐蚀性的药品，必须在实验结束后交回危险品库存放，不得随意处理，互相转让，更不能私自带出实验室。

（2）非化工原理实验室人员不准配制实验室钥匙，实验室人员也不能将实验室钥匙随便转交他人或学生使用。

（3）每次实验结束和下班前都要进行检查，切断电源、水源、气源，关好门窗。

（4）实验室全体人员要掌握灭火器的性能及使用方法，对消防器材及设备要妥善保管，非火警不准动用。

（5）实验室禁止随地吐痰，严禁乱扔瓜皮果核、纸屑等杂物，严禁在实验室内吸烟。

（6）保持实验室内墙面、地面干净，各种仪器设备要定期清扫或清洗。

（7）使用结束且短期内不再使用的化工原理设备要做好保养维护工作。

（8）实验仪器、设备、药品应科学布置，合理摆放，实验结束后各种仪器、设备、药品要及时清理归位，分类摆放。

参 考 文 献

[1] 姚克俭.化工原理实验立体教材[M].杭州:浙江大学出版社,2009.
[2] 杨虎,马燮.化工原理实验[M].重庆:重庆大学出版社,2008.

［3］陈寅生.化工原理实验及仿真［M］.上海:东华大学出版社,2008.

［4］陈均志,李磊.化工原理实验及课程设计［M］.北京:化学工业出版社,2008.

［5］王存文,孙炜.化工原理实验与数据处理［M］.北京:化学工业出版社,2008.

［6］王建成,卢燕,陈振.化工原理实验［M］.上海:华东理工大学出版社,2007.

［7］郑秋霞.化工原理实验［M］.北京:中国石化出版社,2007.

［8］徐国想.化工原理实验［M］.南京:南京大学出版社,2006.

［9］王雅琼,许文林.化工原理实验［M］.北京:化学工业出版社,2005.

［10］史贤林,田恒水,张平.化工原理实验［M］.上海:华东理工大学出版社,2005.

［11］陈寅生.化工原理实验及仿真［M］.上海:东华大学出版社,2005.

［12］梁玉祥,刘钟海,付兵.化工原理实验导论［M］.成都:四川大学出版社,2004.

［13］吴嘉.化工原理仿真实验［M］.北京:化学工业出版社,2001.

［14］杨祖荣.化工原理实验［M］.北京:化学工业出版社,2004.

第 2 章　实验误差分析与实验数据处理

§2.1　实验误差分析

一、实验误差分析的重要性

实验观测值和真值之间存在的差异称为误差。产生误差的原因有测试周围环境的影响,测量所用仪器或工具本身精度的限制,测试方法的不完善以及测试人员观察力和经验等的限制。为了提高实验的精度,缩小实验观测值和真值之间的差值,需要对实验数据误差进行分析和讨论。

随着科学水平的提高和人们经验、技巧和专门知识的丰富,实验中的误差可以逐渐缩小,但做不到使实验没有误差,误差始终存在于实验过程之中。

通过对实验误差进行分析,可以认清误差的来源及影响,使实验人员有可能预先确定导致实验总误差的最大组成因素,并设法排除数据中所包含的无效成分,进一步改进实验方案。实验误差分析也提醒实验人员注意主要误差来源,精心操作,使实验的准确度得以提高。

二、实验数据的有效数字及记数法

在实验过程中,测量结果或计算的量总是表现为数字,而这些数字就代表了欲测量的近似值。究竟对这些近似值应该取多少位数合适呢?对于这一问题,不是说一个数值中小数点后面位数越多就越准确。实验中从测量仪表上所读数值的位数是有限的,这取决于测量仪表的精度,其最后一位数字往往是仪表精度所决定的估计数字。例如某液面计标尺的最小分度为 1 mm,则读数可以到 0.1 mm。如在测定时液位高度在刻度524 mm与525 mm的中间,则应记液面高为 524.5 mm,其中前三位是直接读出的,是准确的,最后一位是估计的,是欠准的,该数据为 4 位有效数字。如液位恰在 524 mm 刻度上,该数据应记为524.0 mm,若记为 524 mm,则失去一位(末位)有效数字。由上例可见,当液位高度为524.5 mm时,最大误差为±0.5 mm。

1. 有效数字

实验中得到的数据,除最后一位为可疑或不完全确定的数字外,其余均为确定数字,这样的一组数称为有效数字。这一组数有几位就称几位有效数字。如 0.003 7 只有两位有效数字,而 370.0 则有四位有效数字。与精度无关的"0"不是有效数字,如 0.003 7 中的 0.00;与精度有关的"0"是有效数字,如 370.0 中最后一个 0 是有效数字。要注意有效数字不一定都是可靠数字。如测流体阻力所用的 U 形管压差计,最小刻度是 1 mm,但实验人员可以读到 0.1 mm,如 342.4 mm,此时有效数字为 4 位,而可靠数字只有三位,最后一位不可靠,称为可疑数字。记录测量数值时只可保留一位可疑数字。

请看下面各数的有效数字的位数。

1.000 8	43 181	五位有效数字
0.100 0	10.98%	四位有效数字
0.038 2	1.98×10^{-10}	三位有效数字
54	0.0040	两位有效数字
0.05	2×10^{5}	一位有效数字
pH=11.20 对应于[H$^+$]=6.3×10^{-12}		两位有效数字

为了清楚地读出有效数字位数,常用指数的形式表示,即写成一个小数与相应 10 的整数幂的乘积。这种以 10 的整数幂来记数的方法称为科学记数法。

如 85 100:有效数字为 4 位时,记为 8.510×10^{5};

有效数字为 3 位时,记为 8.51×10^{5};

有效数字为 2 位时,记为 8.5×10^{5}。

0.005 78:有效数字为 4 位时,记为 5.780×10^{-3};

有效数字为 3 位时,记为 5.78×10^{-3};

有效数字为 2 位时,记为 5.7×10^{-3}。

2. 有效数字的运算法则

(1) 记录测量数值时,只保留一位可疑数字。

(2) 当有效数字的位数确定后,其余数字应一律舍弃。舍弃办法是四舍六入,即末位有效数字后边第一位小于 5,则舍弃不计;大于 5 则在前一位数上增 1;等于 5 时,前一位为奇数,则进 1 为偶数,前一位为偶数,则舍弃不计。这种舍入原则可简述为:"小则舍,大则入,正好等于奇变偶"。

如保留 4 位有效数字时,5.717 29→5.717;6.142 85→6.143;8.623 56→8.624;4.376 56→4.376。

(3) 在加减计算中,小数点后的位数以最小的数为准计算(按误差最大的为准计算)。例如将 24.65,0.008 2,1.632 三个数字相加时,应写为 24.65+0.01+1.63=26.29。

(4) 在乘除运算中,以相对误差最大的项为准(结果的相对误差与各项中最大相对误差相同)。如 0.012 1 × 25.64×1.057 82 中,0.012 1 的相对误差为 1/121=0.8%,25.64 的相对误差为 1/2 564=0.04%,1.057 82 的相对误差为 1/105 782=0.000 09%。相对误差最大的项为 0.012 1,计算结果的精度应当与之一致,上式相当于 0.012 1×25.6×1.06=0.328。

(5) 在对数计算中,所取对数尾数的位数与真数的有效数字的位数相同。如 lg 317.2 = 2.501 3,ln(7.1×10^{28})=66.43,lg 44.9 =1.652。

(6) 在乘方、开方运算中,原近似值有几位有效数字,计算结果就保留几位有效数字。

三、平均值

真值是待测物理量客观存在的确定值,通常真值是无法测得的。虽然真值是一个理想的概念,但在实验中,若对某一物理量经过无限多次的测量,根据误差的分布定律,正负误差出现的概率相等。再经过细致地消除系统误差,对测量值求平均,可以获得非常接近于真值的数值。由于实际上实验测量的次数总是有限的,由此得出的平均值只能近似于真值。实验中常用的平均值有下列几种。

1. 算术平均值

算术平均值是最常见的一种平均值。

设 $x_1, x_2, \cdots, x_n$ 为各次测量值,n 代表测量次数,则测量值的算术平均值为

$$\bar{x} = \frac{x_1 + x_2 + \cdots + x_n}{n} = \frac{\sum\limits_{i=1}^{n} x_i}{n} \tag{2-1}$$

2. 几何平均值

几何平均值是将一组 n 个测量值连乘并开 n 次方求得的平均值。即

$$\bar{x}_n = \sqrt[n]{x_1 \cdot x_2 \cdot \cdots \cdot x_n} \tag{2-2}$$

3. 均方根平均值

$$\bar{x}_{\text{均}} = \sqrt{\frac{x_1^2 + x_2^2 + \cdots + x_n^2}{n}} = \sqrt{\frac{\sum\limits_{i=1}^{n} x_i^2}{n}} \tag{2-3}$$

4. 对数平均值

在化学反应、热量和质量传递中,数据的分布曲线多具有对数的特性,在这种情况下表征平均值常用对数平均值。

设两个量 x_1, x_2,其对数平均值为

$$\bar{x}_{\text{对}} = \frac{x_1 - x_2}{\ln x_1 - \ln x_2} = \frac{x_1 - x_2}{\ln \dfrac{x_1}{x_2}} \tag{2-4}$$

应指出,变量的对数平均值总小于算术平均值。当 $x_1/x_2 \leqslant 2$ 时,可以用算术平均值代替对数平均值。

当 $x_1/x_2 = 2$ 时,$\bar{x}_{\text{对}} = 1.443$,$\bar{x} = 1.50$,$(\bar{x}_{\text{对}} - \bar{x})/\bar{x}_{\text{对}} = 4.2\%$,即当 $x_1/x_2 \leqslant 2$ 时,引起的误差不超过 4.2%。

以上介绍各类平均值的目的是实验时需要从一组测量值中找出最接近真值的那个值。由此可知,平均值的选择主要取决于一组测量值分布的类型。在化工实验和科学研究中,数据的分布多属于正态分布,故多采用算术平均值。

四、误差的表示方法

利用任何量具或仪器进行测量时,总存在误差,测量结果总不可能准确地等于被测量的真值,而只是它的近似值。测量的质量高低以测量精确度为指标,根据测量误差的大小来估计测量的精确度。测量结果的误差越小,则可认为测量就越精确。

1. 绝对误差

测量值与真值之差的绝对值称为测量值的误差,即绝对误差,记为

$$d = X - A_0 \tag{2-5}$$

式中 d 为绝对误差,X 为测量值,A_0 为真值。由于真值 A_0 一般无法求得,因而上式只有理论意义。在实际工作中常以最佳值(常用高一级标准仪器的示值)A 代替真值 A_0。

化工原理实验中最常用的是 U 形管压差计、转子流量计、秒表、量筒等仪表,原则上均取这些仪器的最小刻度值为最大误差,取这些仪器的最小刻度值的一半作为绝对误差计算值。

2. 相对误差

绝对误差与真值的之比称为相对误差,记为

$$E = d/A_0 \times 100\% \tag{2-6}$$

式中真值 A_0 一般为未知,常用测定值 A 代替。

绝对误差的因次与被测物理量的因次相同,相对误差则无因次,不同物理量的相对误差可以互相比较,因此评定测量结果的精密程度以相对误差更为合理。

3. 算术平均误差

算术平均误差是各个测量点的误差的平均值,其定义式为

$$\delta_{\text{平}} = \frac{\sum_{i=1}^{n} |d_i|}{n} \quad (i = 1, 2, \cdots, n) \tag{2-7}$$

式中:d_i——第 i 次测量值的误差;

$\delta_{\text{平}}$——测量结果的算术平均误差;

n——测量次数。

算术平均误差可以说明测量结果的好坏。

4. 标准误差

标准误差亦称为均方根误差,当测定次数为无穷时,其定义式为

$$\sigma = \sqrt{\frac{\sum_{i=1}^{n} d_i^2}{n}} \tag{2-8}$$

在有限次测定中,标准误差用下式表示:

$$\sigma = \sqrt{\frac{\sum_{i=1}^{n} d_i^2}{n-1}} \tag{2-9}$$

标准误差不是一个具体的误差,它的大小只说明在一定条件下等精度测量集合所属的每一个观测值与其算术平均值的分散程度,它不仅与一组测定值中的每个数据有关,而且对其中较大误差或较小误差的敏感性很强。实验越精确,σ 越小。

例:压力的 5 次测量结果(单位为 Pa)为 98 294,98 306,98 298,98 301,98 291,则算术平均值为

$$\bar{x}_i = \frac{1}{5} \sum_{i=1}^{n} x_i = 98\,298$$

算术平均误差为

$$\bar{d} = \frac{1}{5} \sum_{i=1}^{n} |x_i - \bar{x}_i| = 4$$

标准误差为

$$\sigma = \sqrt{\frac{\sum_{i=1}^{n}(x_i - \overline{x_i})^2}{5-1}} = 6$$

五、误差的分类

根据误差的性质和产生的原因,误差一般分为三类。

1. **系统误差**

系统误差又称可测误差,是由某种确定因素造成的,它对测定结果的影响比较固定,在同一条件下重复测定时,它会重复出现。

根据产生的原因系统误差分为方法误差、仪器或试剂误差和操作误差。

方法误差是由于不适当的实验设计或所选的实验方法不恰当造成的。如重量分析中,沉淀的溶解会使分析结果偏低,而沉淀吸附杂质,又会使结果偏高。

仪器或试剂误差是由于仪器零件制造不标准、安装不正确、仪器未经校准或试剂不合格的原因造成的。如称重时,天平砝码不够准确;配标准溶液时,容量瓶刻度不准确;对试剂而言,杂质与水的纯度也会造成误差。

操作误差是由于分析操作不规范造成的,如标准物未干燥完全就进行称量。

针对仪器的缺点、外界条件变化影响的大小、个人的偏向,分别进行校正后,系统误差是可以消除的。

2. **随机误差**

随机误差也称为偶然误差,由很多无法估计的、各种各样的随机原因造成。

随机误差与系统误差不同,其误差的数值和符号不确定,不能从实验中消除。但是在足够多次的等精度测量后,就会发现随机误差的大小或正负的出现完全由概率决定,服从统计规律。因此,随着测量次数的增加,随机误差的算术平均值趋近于零,多次测量后结果的算数平均值将更接近于真值。

3. **过失误差**

过失误差是一种观测结果与事实不符的误差,它是由于实验人员粗心大意如读数错误、记录错误或操作失误等原因引起的。此类误差无规则可循,如果确定是过失引起的,其测定结果必须舍去,并重新测定。其实只要实验人员加强责任心,严格按照规程操作,过失误差是完全可以避免的。

六、精密度和准确度

1. **精密度**

平行测量的各测量值之间互相接近的程度称为精密度,用偏差(测定值与平均值之差)来表示。各次测定结果与平均值的差别越小,测定结果的精密度越高。它反映随机误差对实验结果的影响程度,精密度高就表示随机误差小。

2. **准确度**

测量值与真值的复合程度称为准确度,一般用绝对误差或相对误差来表示。它反映系统误差对实验结果的影响程度,准确度高就表示系统误差小。

例如甲、乙、丙、丁四个人同时用碘量法测定某铜矿中 CuO 的含量(真实含量为

37.40%),每人测定了 4 次,其结果如图 2-1 所示。分析此结果精密度与准确度的关系。

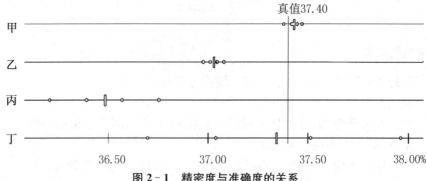

图 2-1　精密度与准确度的关系

由图 2-1 可知,甲所得结果的准确度和精密度都好,结果可靠;乙的结果精密度高,但准确度较低;丙的精密度和准确度都很差;丁的分析结果相差较远,精密度太差,其平均值虽然也接近真值,但这是由于正负误差相互抵消所致,如果只取 2 次或 3 次测量值计算平均数,结果会与真实值相差很大,因此这个结果是凑巧的,不可靠。

综上所述,可得到如下结论。

(1) 精密度是保证准确度的先决条件,精密度差,所得结果不可靠,就失去衡量准确度的前提。

(2) 精密度高不一定能保证有高的准确度。

(3) 准确度高一定伴随着高的精密度。

七、重复性和再现性

1. 重复性

一个实验人员,在一个指定的实验室中,用同一套给定的实验仪器,对同样的某物理量进行反复测量,所得测量值接近的程度。

2. 再现性

由不同实验室的不同实验人员和仪器,共同对同样的某物理量进行反复测量,所得测量值接近的程度。

八、误差的基本性质

在化工原理实验中通常通过直接测量或间接测量得到实验数据,为了考察这些实验数据的可靠程度并提高其可靠性,必须研究在给定条件下误差的基本性质和变化规律。

1. 误差的正态分布

测量数列中消除了系统误差和过失误差后,多次重复测定仍然会有所不同,具有分散的特性。从大量的实验中发现随机误差的大小有如下特征。

(1) 单峰性:绝对值小的误差比绝对值大的误差出现的机会多,即误差的概率与误差的大小有关。当误差等于零时,y 值最大,呈现一个峰值,故称为单峰性。

(2) 对称性:绝对值相等的正误差或负误差出现的次数相当,即误差的概率相同,故称为对称性。

（3）有界性：极大的正误差或负误差出现的概率都非常小，即大的误差一般不会出现，故称为有界性。

（4）低偿性：随着测量次数的增加，随机误差的算术平均值趋近于零，故称低偿性。

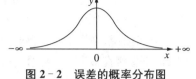

图 2-2　误差的概率分布图

根据上述的误差特征，绘制随机误差出现的概率分布图（如图 2-2 所示）。图中横坐标 x 表示随机误差，纵坐标 y 表示误差出现的概率，图中曲线称为误差分布曲线，以 $y=f(x)$ 表示。其数学表达式由高斯提出，具体形式为

$$y = \frac{1}{\sqrt{2\pi}\,\sigma}\mathrm{e}^{\frac{x^2}{2\sigma^2}} \tag{2-10}$$

或

$$y = \frac{h}{\sqrt{\pi}}\mathrm{e}^{-h^2 x^2} \tag{2-11}$$

式中：σ——标准误差；

　　　h——精确度指数。

上式称为高斯误差分布定律，亦称为误差方程。

若误差按上述函数关系分布，则称为正态分布。σ 越小，分布曲线的峰越高且越窄；σ 越大，分布曲线越平坦且越宽，如图 2-3 所示。由此可知，σ 越小，小误差占的比重越大，测量精密度越高。反之则大误差占的比重越大，测量精密度越低。

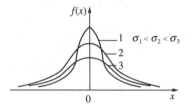

图 2-3　不同 σ 的误差分布曲线

2. 可疑观测值的舍弃

由概率积分知，随机误差正态分布曲线下的全部积分，相当于全部误差同时出现的概率，即

$$P = \frac{1}{\sqrt{2\pi}\,\sigma}\int_{-\infty}^{+\infty}\mathrm{e}^{\frac{x^2}{2\sigma^2}}\,\mathrm{d}x = 1 \tag{2-12}$$

若将误差 x 以标准误差 σ 的倍数表示，即 $x = t\sigma$，则数据在 $\pm t\sigma$ 范围内出现的概率为 $2\Phi(t)$，超出这个范围的概率为 $1-2\Phi(t)$。$\Phi(t)$ 称为概率函数，表示为

$$\Phi(t) = \frac{1}{\sqrt{2\pi}}\int_{0}^{t}\mathrm{e}^{-\frac{t^2}{2}}\,\mathrm{d}t \tag{2-13}$$

$2\Phi(t)$ 与 t 的对应值在数学手册或专著中均附有此类积分表，读者需要时可自行查取。在使用积分表时，需已知 t。图 2-4 给出几个典型及其相应的超出或不超出 $|x|$ 的概率。

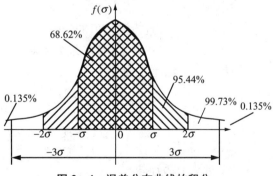

图 2-4　误差分布曲线的积分

由图 2-4 可知，在符合正态分布的情况下，总体平均值为原点（即消除系统误差），总体标准偏差为 σ，由统计学可知，测得的结果落在 $|x|=\sigma$ 范围内的概率为 68.3%；落在 $|x|=$

2σ 范围内的概率为 95.5%;落在 $|x|=3\sigma$ 范围内的概率为 99.7%;测定结果超出 $|x|=3\sigma$ 的概率只有 0.3%。

换句话说,在 1 000 次测定中,测定结果落在 $|x|=\sigma$ 范围内 683 次;落在 $|x|=2\sigma$ 范围内 955 次;落在 $|x|=3\sigma$ 范围内 997 次;落在 $|x|=3\sigma$ 范围之外的结果只有 3 次。所以,通常认为大于 3σ 的误差已不属于偶然误差了,这样的实验结果应该舍去。这种判断可疑实验数据的原则称为 3σ 准则。

九、函数误差

上述讨论的主要是直接测量的误差计算问题,但在许多场合下,常涉及间接测量的变量,所谓间接测量是通过直接测量的量建立一定的函数关系,并根据函数关系确定被测定的量,如传热问题中的传热速率。因此,间接测量值就是直接测量得到的各个测量值的函数,其测量误差是各个直接测量值误差的函数。

1. 函数误差的一般形式

在间接测量中,一般为多元函数,而多元函数可用下式表示:

$$y = f(x_1, x_2, \cdots, x_n) \tag{2-14}$$

式中:y——间接测量值;

x_i——直接测量值。

由泰勒级数展开得

$$\Delta y = \frac{\partial f}{\partial x_1}\Delta x_1 + \frac{\partial f}{\partial x_2}\Delta x_2 + \cdots + \frac{\partial f}{\partial x_n}\Delta x_n \tag{2-15}$$

或

$$\Delta y = \sum_{i=1}^{n} \frac{\partial f}{\partial x_i}\Delta x_i \tag{2-16}$$

它的最大绝对误差为

$$\Delta y = \left| \sum_{i=1}^{n} \frac{\partial f}{\partial x_i}\Delta x_i \right| \tag{2-17}$$

式中:$\dfrac{\partial f}{\partial x_i}$——误差传递系数;

Δx_i——直接测量值的误差;

Δy——间接测量值的最大绝对误差。

函数的相对误差 δ 为

$$\delta = \frac{\Delta y}{y} = \frac{\partial f}{\partial x_1}\frac{\Delta x_1}{y} + \frac{\partial f}{\partial x_2}\frac{\Delta x_2}{y} + \cdots + \frac{\partial f}{\partial x_n}\frac{\Delta x_n}{y}$$

$$= \frac{\partial f}{\partial x_1}\delta_1 + \frac{\partial f}{\partial x_2}\delta_2 + \cdots + \frac{\partial f}{\partial x_n}\delta_n \tag{2-18}$$

2. 函数误差的计算

(1) 函数 $y = x \pm z$ 的绝对误差和相对误差

由于误差传递系数 $\dfrac{\partial f}{\partial x}=1$,$\dfrac{\partial f}{\partial z}=\pm 1$,则函数 $y = x \pm z$ 的最大绝对误差

$$\Delta y = \pm(|\Delta x| + |\Delta z|) \tag{2-19}$$

相对误差

$$\delta_r = \frac{\Delta y}{y} = \pm \frac{|\Delta x| + |\Delta z|}{x + z} \qquad (2-20)$$

（2）常用函数的最大绝对误差和相对误差

现将某些常用函数的最大绝对误差和相对误差列于表 2-1 中[1]。

表 2-1　某些函数的误差传递公式

函数式	误差传递公式	
	最大绝对误差 Δy	最大相对误差 δ_r
$y = x_1 + x_2 + x_3$	$\Delta y = \pm(|\Delta x_1| + |\Delta x_2| + |\Delta x_3|)$	$\delta_r = \Delta y / y$
$y = x_1 + x_2$	$\Delta y = \pm(|\Delta x_1| + |\Delta x_2|)$	$\delta_r = \Delta y / y$
$y = x_1 x_2$	$\Delta y = \pm(|x_1 \Delta x_2| + |x_2 \Delta x_1|)$	$\delta_r = \pm \left| \dfrac{\Delta x_1}{x_1} + \dfrac{\Delta x_2}{x_2} \right|$
$y = x_1 x_2 x_3$	$\Delta y = \pm(|x_1 x_2 \Delta x_3| + |x_1 x_3 \Delta x_2| + |x_2 x_3 \Delta x_1|)$	$\delta_r = \pm \left| \dfrac{\Delta x_1}{x_1} + \dfrac{\Delta x_2}{x_2} + \dfrac{\Delta x_3}{x_3} \right|$
$y = x^n$	$\Delta y = \pm(n x^{n-1} \Delta x)$	$\delta_r = \pm n \left| \dfrac{\Delta x}{x} \right|$
$y = \sqrt[n]{x}$	$\Delta y = \pm \left(\dfrac{1}{n} x^{\frac{1}{n}-1} \Delta x \right)$	$\delta_r = \pm \dfrac{1}{n} \left| \dfrac{\Delta x}{x} \right|$
$y = x_1 / x_2$	$\Delta y = \pm \left(\dfrac{x_2 \Delta x_1 + x_1 \Delta x_2}{x_2^2} \right)$	$\delta_r = \pm \left| \dfrac{\Delta x_1}{x_1} + \dfrac{\Delta x_2}{x_2} \right|$
$y = cx$	$\Delta y = \pm |c \Delta x|$	$\delta_r = \pm \left| \dfrac{\Delta x}{x} \right|$
$y = \lg x$	$\Delta y = \pm \left| 0.434\ 3 \dfrac{\Delta x}{x} \right|$	$\delta_r = \Delta y / y$
$y = \ln x$	$\Delta y = \pm \left| \dfrac{\Delta x}{x} \right|$	$\delta_r = \Delta y / y$

§2.2　实验数据处理

实验数据处理是整个实验过程的重要环节。实验数据处理的目的是把以数据形式表达的实验结果，去伪存真、去粗取精后，转换成各变量之间的定量关系，以便进一步分析实验现象，得出规律，指导研究、开发、设计与生产。

实验数据处理通常有三种方法，即列表法、图示法、数学模型法。

下面将简要介绍上述三种方法。

一、列表法

将实验数据按自变量与因变量的对应关系列出数据表格形式即为列表法。列表法具有制表容易、简单、紧凑、数据便于比较的优点，是绘制曲线和将数据整理成为数学模型的基础。

　　实验数据表可分为实验数据记录表(原始数据记录表)和实验数据整理表两类。实验数据记录表应在实验前根据实验内容设计好,实验时记录待测实验数据,流体阻力测定实验的实验数据记录表的形式见表2-2。

表2-2　流体阻力测定实验数据记录表

1. 一次性原始数据记录

装置号_____　　光滑管管径_____mm　　光滑管管长_____m

粗糙管管径_____mm　　粗糙管管长_____m　　弯头管径_____mm

水温_____℃

2. 原始数据记录

序号	流量(m³/h)	光滑管倒U形压差计读数		阀门倒U形压差计读数	
		左(mmH₂O)	右(mmH₂O)	左(mmH₂O)	右(mmH₂O)
1					
2					
3					
...					

序号	流量(m³/h)	粗糙管倒U形压差计读数		弯头倒U形压差计读数	
		左(mmH₂O)	右(mmH₂O)	左(mmH₂O)	右(mmH₂O)
1					
2					
3					
...					

　　实验数据整理表是由实验数据经计算整理间接得出的表格形式,表达主要变量之间关系和实验的结论,见表2-3。

表2-3　流体阻力测定实验中间运算表

序号	流速(m/s)	$Re \times 10^{-4}$	直管压差(Pa)	局部压差(Pa)	直管阻力(J/kg)	局部阻力(J/kg)	摩擦系数$\times 10^2$	阻力系数
1								
2								
3								
...								

　　实验最终结果表简明扼要,只用于表达主要变量之间的关系和实验结论。例如,流体流动阻力实验中摩擦系数和局部阻力系数与雷诺数之间的关系见表2-4。

表 2‑4　流体阻力测定实验最终处理结果表

序号	光滑管阻力		粗糙管阻力		阀门局部阻力		弯头局部阻力	
	$Re \times 10^{-4}$	$\lambda \times 10^2$	$Re \times 10^{-4}$	$\lambda \times 10^2$	$Re \times 10^{-4}$	ξ	$Re \times 10^{-4}$	ξ
1								
2								
3								
…								

根据实验内容设计拟定表格时应注意以下问题：

（1）表格设计要力求简明扼要，一目了然，便于阅读和使用。记录、计算项目应满足实验要求。

（2）表头应列出变量名称、符号、因次。同时要层次清楚、顺序合理，因次不宜混杂在数字之中，造成分辨不清。

（3）表中的数据必须反映仪表的精度，应注意有效数字的位数。

（4）数字较大或较小时应采用科学记数法，例如 $Re = 46\ 000$ 可采用科学记数法记做 $Re = 4.6 \times 10^4$，在名称栏中记为 $Re \times 10^4$，数据表中可记为 4.6。

（5）数据整理时尽可能采用常数归纳法。例如计算固定管路中不同流速下的雷诺数时，利用公式 $Re = du\rho/\mu$，其中 d, μ, ρ 为定值，该公式可归纳为 $Re = Au$，将常数 $A = d\rho/\mu$（转化因子）乘以各不同的流速 u，即可得到一系列相应的 Re，减少了重复计算。

（6）在数据整理表格下面，最好附有采用某一组数据进行计算的示例，表明各项之间的关系，以便阅读或进行校核。

（7）为便于排版和引用，每一个实验数据表应在表的上方写明表号和表题。表格应按出现的顺序编号，表格的出现应在文中说明，同一个表格一般不跨页。

（8）实验数据表格要正规，数据一定要书写清楚整齐。修改时宜用单线把错误的划掉，将正确的写在上面或下面。

（9）各种实验条件及实验记录者的姓名可作为表注写在表的下方或上方。

二、图示法

列表法一般不易观察实验数据的规律性，为了便于比较和简明直观地显示结果的规律性或变化趋势，常常需要将实验结果用图形表示出来。

图示法是将离散的实验数据在坐标纸上绘成直线或曲线，直观而清晰地表示出各变量之间的相互关系，分析极值点、转折点、变化率及其他特性，便于比较，还可以根据曲线得出相应的数学模型。某些精确的图形还可用于在未知数学表达式的情况下进行图解积分和微分，求函数的外推值等。

如何选择适当的坐标系和合理地确定坐标分度是应用图示法时常遇到的问题。

1. 坐标系的选择

化工原理实验中常用的坐标系有直角坐标系、对数坐标系和半对数坐标系。实验人员应根据变量间的函数关系选择合适的坐标系，尽量使实验数据的函数关系接近直线，以便于拟合处理。

（1）直线关系

变量之间的关系为 $y=a+bx$ 时，选用直角坐标系，如图 2-5 所示。

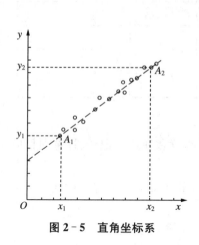

图 2-5　直角坐标系

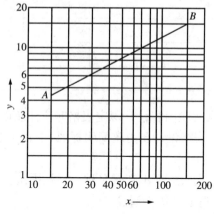

图 2-6　对数坐标系

（2）幂函数关系

变量之间的关系为 $y=ax^b$ 时，选用对数坐标系，如图 2-6 所示。幂函数在直角坐标系上标绘是一条曲线，采用对数坐标系绘制可使之线性化。将上述幂函数等式两边取对数，则

$$\lg y=b\lg x+\lg a \qquad\qquad (2-21)$$

令 $\lg y=Y,\lg x=X,\lg a=B$，则上式可变换为 $Y=bX+B$，即为线性方程。

（3）指数函数关系

变量之间的关系为 $y=ae^{bx}$ 时，选用半对数坐标系，如图 2-7 所示。将上式等号两边取自然对数，则 $\ln y=\ln a+bx$，所以 $\ln y$ 与 x 呈直线关系。

下列情况下也可考虑用半对数坐标。

① 变量之一在所研究的范围内发生几个数量级的变化。

② 自变量由零开始逐渐增大的初始阶段，当自变量的少许变化引起因变量极大变化时，此时应采用半对数坐标系，曲线最大变化范围可伸长，使图形轮廓清楚。

还有双曲线函数、S 形曲线函数等线性化方法，见有关教科书和文献。

2. 坐标的分度

坐标的分度指每条坐标轴所代表物理量的大小，即选择适当的比例尺。若选择不合理，则根据同组实验结果作出的图形就会失真而导致错误的结论。

坐标分度的确定方法叙述如下。

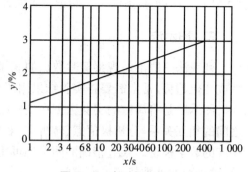

图 2-7　半对数坐标系

（1）在已知量 x 和 y 的误差 Δx 与 Δy 的情况下，比例尺的取法应使实验"点"的边长为 $2\Delta x$，$2\Delta y$，并且使 $2\Delta x = 2\Delta y = 1 \sim 2$ mm，构成近似的正方形。

（2）如果测量的实验数据的误差不知道，则坐标轴的分度应与实验数据的有效数字相对应，换句话说，图示曲线坐标读数的有效数字位数与实验数据的位数相同。

3. 其他注意事项

（1）按惯用法取横轴为自变量，纵轴为因变量，并标明各轴代表的变量名称、符号和因次。如离心泵特性曲线的横轴应标上"$Q/(\mathrm{m}^3/\mathrm{h})$"。

（2）坐标原点的选择。直角坐标的原点不一定从零开始，应视实验数据的范围而定；对数坐标的原点只能取对数坐标轴上规定的值做原点，而不能任意确定。

（3）绘制的图形应匀称居中，避免偏于一侧而不美观。

（4）若要在同一张图上同时绘制几组实验数据，则各实验点要用不同符号（如○、×、△等）加以区别，且应在图上注明。

（5）为了便于排版和引用，图应有图号和图名，必要时还应有图注。

三、数学模型法

在化工原理实验数据处理中，除用列表法和图示法描述过程变量之间的关系外，常使用数学模型法。数学模型法又称为公式法或函数法。数学模型可以是经验的，可以是半经验的，也可以是理论的。使用数学模型法时，应首先根据实验结果选择合适的数学模型，然后对数学模型中的参数进行估值并确定该估值的可靠程度。

1. 数学模型

数学模型可分为经验模型和理论模型。

化工中常用的经验模型有：多项式、幂函数和指数函数。流体的物理性质如热容、密度和汽化热等与温度的关系，常用多项式回归分析；动量、热量和质量传递过程中的无因次数群之间的关系，多用幂函数回归分析；而化学反应、吸附、离子交换以及其他非稳态过程，常用指数函数回归分析。

理论模型又称为机理模型。理论模型的方法是建立在对过程本质的深刻理解基础上的。首先将复杂过程分解为多个较简单的子过程；然后根据研究的目的进行合理的简化，得出物理模型；接着应用物理基本规律和过程本身的特征方程对物理模型进行数学描述，得到数学方程；再对数学模型进行解析解或数值解，得到设计计算方程；最后通过实验确定上述方程中含有的模型参数。

2. 参数估值

数学模型选定之后，需要对其中的参数进行估值。对于线性数学模型，待求参数可用最小二乘法求得。对于非线性数学模型，通常通过线性化处理而化为线性数学模型，然后用线性最小二乘法求出新的参数，从而再还原为原参数。在处理经验数学模型时，这种方法简便易行，具有一定的使用价值。

下面重点介绍线性最小二乘法。

最小二乘法的原理是在有限次测量中最佳结果应使标准误差最小，即残差的平方和最小。其数学表达式推导如下。

已知 n 个实验数据点 (x_1, y_1)，(x_2, y_2)，$\cdots$，(x_n, y_n)。

设最佳线性函数关系式为 $y'=a+bx$，则根据此式 n 组 x 的值可计算出各组对应的 y' 的值。

由于测定值各有偏差，若定义第 i 组数据的残差

$$\delta_i = a+bx_i-y_i \,(\,i=1,2,3,\cdots,n) \qquad (2-22)$$

按照最小二乘法的原理，测量值与真值之间的偏差平方和为最小，即

$$\Delta = \sum_{i=1}^{n}\delta_i^2 = \sum_{i=1}^{n}(a+bx_i-y_i)^2 \qquad (2-23)$$

应最小。使 Δ 为最小的必要条件为

$$\frac{\partial \Delta}{\partial a} = \sum_{i=1}^{n}2(a+bx_i-y_i)=0 \qquad (2-24)$$

$$\frac{\partial \Delta}{\partial b} = \sum_{i=1}^{n}2x_i(a+bx_i-y_i)=0 \qquad (2-25)$$

联立解得 a 和 b。

由此求得的截距为 a，斜率为 b 的直线方程，就是关联各实验点最佳的直线。

例：实验测得 (x,y) 的 8 组数据如下。假设 x,y 之间为线性关系，即 $y=a+bx$，试确定其常数 a 和 b。

$(1,3.0),(3,4.0),(8,6.0),(10,7.0),(13,8.0),(15,9.0),(17,10.0),(20,11.0)$

解：$\begin{cases}8a+87b-58.0=0\\87a+1257b-762.0=0\end{cases}$

联立求解上述两个方程式，得

$$\begin{cases}a=2.66\\b=0.422\end{cases}$$

3. 回归方程的检验

用最小二乘法求得回归直线方程后，还存在检验回归直线方程有无意义的问题。可用相关系数 r 来判断两个变量之间的线性相关的程度。

$$r=\frac{\sum_{i=1}^{n}(x-\overline{x})\cdot(y-\overline{y})}{\sqrt{\sum_{i=1}^{n}(x-\overline{x})^2\cdot\sum_{i=1}^{n}(y-\overline{y})^2}} \qquad (2-26)$$

式中：

$$\overline{x}=\frac{1}{n}\sum_{i=1}^{n}x_i \qquad (2-27)$$

$$\overline{y}=\frac{1}{n}\sum_{i=1}^{n}y_i \qquad (2-28)$$

在概率论中可以证明，任意两个随机变量的相关系数的绝对值不大于 1，即

$$|r|\leqslant 1 \text{ 或 } 0\leqslant |r|\leqslant 1$$

r 的物理意义是表示两个随机变量 x 和 y 的线性相关的程度，现分几种情况加以说明。

当 $r=\pm 1$ 时，即 n 组实验值 (x_i,y_i) 全部落在直线 $y'=a+bx$ 上，此时称为完全相关。

当 $|r|$ 越接近 1 时,即 n 组实验值 (x_i,y_i) 越靠近直线 $y'=a+bx$,变量 y 与 x 之间的关系越接近于线性关系。

当 $r=0$,变量之间就完全没有线性关系了。但是应该指出,当 r 很小时,变量 y 与 x 之间的关系不是线性关系,但不等于就不存在其他关系。

§2.3　实验数据的计算机处理

随着各学科迅猛发展,学科之间的相互渗透越来越密切。科学技术人员处理的实验数据量越来越多,计算难度越来越大,许多场合用人工计算的方法已无法完成任务。在这种情况下,出现了各种各样用于完成数据处理的应用软件。以下重点介绍 EXCEL 处理数据的方法。

EXCEL 软件是 OFFICE 系列软件中的一员,其主要功能是完成电子表格的制作。同时附有许多功能,如计算公式、自动生成 VB 宏代码和生成图等,使之可用于简单的数据处理,并自动生成数据表格。

计算机安装 OFFICE 软件后,从桌面或开始菜单中双击其图标,打开一个新的工作簿(BOOK1),在工作表上操作的基本单元是单元格,每个单元格以列字母和行数字组成地址名称,如 A1、A2、A3…B1、B2、B3…。在单元格中输入文字、数字、公式等,在输入或编辑时,该单元格的内容会同时显示在公示栏中,若输入的是公式,回车前单元格和公示栏中为相同的公式,回车后公示栏中为原公式,而单元格中则为公式计算结果。

用 EXCEL 处理实验数据时,其数据表中常会碰到各种函数和公式,EXCEL 为使用者提供了大量的计算函数和公式表达式,函数可通过菜单栏"插入"菜单下的"函数"命令得到,有数量和三角函数、统计函数、查找和引用函数、数据库函数、逻辑函数和信息函数。其中常用的函数有

① 求和函数:SUM(范围)

② 求平均值函数:AVERAGE(范围)

③ 求个数函数:COUNT(范围)

④ 条件函数:IF(判断一个条件是否满足,若条件满足返回一个值,若条件不满足则返回另一个值)

⑤ 求最大值函数:MAX(范围)

⑥ 求最小值函数:MIN(范围)

公式表达式中可使用的运算符号有

四则运算符: $+$, $-$, $*$, $/$, $\%$, $\char94$ (指数);比较符号: $>$, $<$, $=$, $>=$, $<=$ 。

【例 2-1】流体流动阻力实验

一、实验的原始数据

如图 2-8 所示。

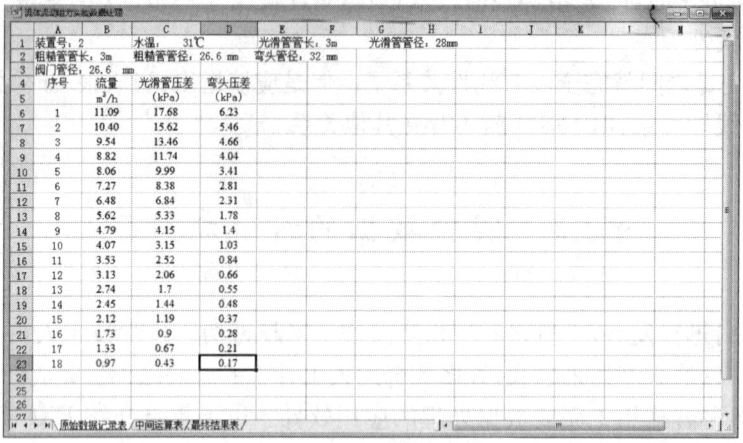

装置号：2　水温：31℃　光滑管管长：3m　光滑管管径：28mm

粗糙管管长：3m　粗糙管管径：26.6 mm　弯头管径：32 mm

阀门管径：26.6 mm

序号	流量 m^3/h	光滑管压差 (kPa)	弯头压差 (kPa)
1	11.09	17.68	6.23
2	10.40	15.62	5.46
3	9.54	13.46	4.66
4	8.82	11.74	4.04
5	8.06	9.99	3.41
6	7.27	8.38	2.81
7	6.48	6.84	2.31
8	5.62	5.33	1.78
9	4.79	4.15	1.4
10	4.07	3.15	1.03
11	3.53	2.52	0.84
12	3.13	2.06	0.66
13	2.74	1.7	0.55
14	2.45	1.44	0.48
15	2.12	1.19	0.37
16	1.73	0.9	0.28
17	1.33	0.67	0.21
18	0.97	0.43	0.17

原始数据记录表 / 中间运算表 / 最终结果表

图 2-8　实验的原始数据

二、数据处理

1. 物性数据

查《化工原理(上)》(夏清)31 ℃下水的密度 $\rho=995.7\ kg/m^3$，黏度 $\mu=80.07\times10^{-5}$ pa·s。

2. 数据处理的计算过程

(1) 鼠标右击 Sheet2、Sheet3 分别重命名为“中间运算表”和“最终结果表”，将“原始数据记录表”中 6～23 行内容复制到“中间运算表”中。

(2) 中间运算

① 在单元格 D3 中输入公式“=4 * A3/(3 600 * 3.14 * 0.028^2)” →计算流体在光滑管内的流速 $\left[u=\dfrac{4V_s}{3\ 600\pi d^2}\right]$；

② 在单元格 E3 中输入公式“=100 000 * D3 * 0.028 * 995.7/80.07” →计算流体在光滑管内流动的雷诺数 $\left[Re=\dfrac{du\rho}{\mu}\right]$；

③ 在单元格中 F3 输入公式“=2 * 0.028 * B3 * 1 000/(995.7 * 3 * D3^2)” →计算摩擦系数 $\left[\lambda=\dfrac{2d\Delta p}{l\rho\mu^2}\right]$；

④ 在单元格 G3 中输入公式“=4 * A3/(3 600 * 3.14 * 0.032^2)” →计算流体在弯头内的流速 $\left[u=\dfrac{4V_s}{3\ 600\pi d^2}\right]$；

⑤ 在单元格 H3 中输入公式“=2 * C3 * 1 000/(995.7 * G3^2)” →计算局部阻力系数 $\left[\zeta=\dfrac{2\Delta p}{\rho u^2}\right]$；

⑥ 在单元格 I3 中输入公式“=E3/10 000” → $[Re\times10^{-4}]$；

⑦ 在单元格 J3 中输入公式“=F3 * 100” → $[\lambda\times10^2]$；

选定 D3:J3 单元格区域(如图 2-9 所示)，再用鼠标拖动 J3 单元格下的填充柄(单元格右下方的“+”号)至 J20，结果见图 2-10。

注意：① 一定不要忘记输入等号"＝"；② 公式中需用括号时，只允许用小括号"()"；③ 在单元格中输入"λ"的方法：打开"插入"菜单→选"符号"命令插入希腊字母 λ。

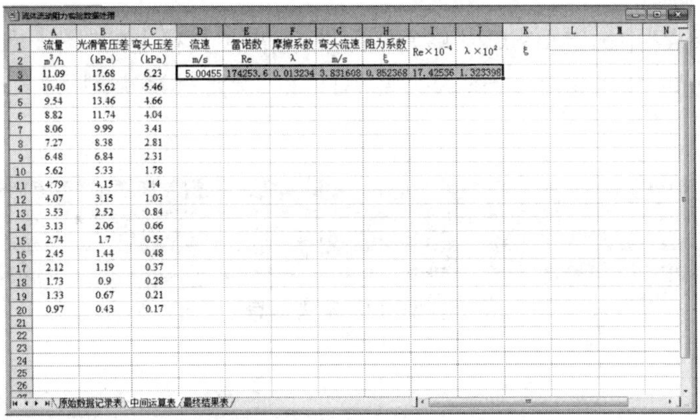

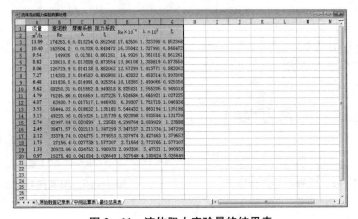

	A	B	C	D	E	F	G	H	I	J	K
1	流量	光滑管压差	弯头压差	流速	雷诺数	摩擦系数	弯头流速	阻力系数	$Re\times10^{-4}$	$\lambda\times10^{2}$	ξ
2	m^3/h	(kPa)	(kPa)	m/s	Re	λ	m/s	ξ			
3	11.09	17.68	6.23	5.00455	174253.6	0.013234	3.831608	0.852368	17.42536	1.323398	
4	10.40	15.62	5.46								
5	9.54	13.46	4.66								
6	8.82	11.74	4.04								
7	8.06	9.99	3.41								
8	7.27	8.38	2.81								
9	6.48	6.84	2.31								
10	5.62	5.33	1.78								
11	4.79	4.15	1.4								
12	4.07	3.15	1.03								
13	3.53	2.52	0.84								
14	3.13	2.06	0.66								
15	2.74	1.7	0.55								
16	2.45	1.44	0.48								
17	2.12	1.19	0.37								
18	1.73	0.9	0.28								
19	1.33	0.67	0.21								
20	0.97	0.43	0.17								

图 2-9　选定单元格 D3:J3

	A	B	C	D	E	F	G	H	I	J	K
1	流量	光滑管压差	弯头压差	流速	雷诺数	摩擦系数	弯头流速	阻力系数	$Re\times10^{-4}$	$\lambda\times10^{2}$	ξ
2	m^3/h	(kPa)	(kPa)	m/s	Re	λ	m/s	ξ			
3	11.09	17.68	6.23	5.00455	174253.6	0.013234	3.831608	0.852368	17.42536	1.323398	0.852368
4	10.40	15.62	5.46	4.695827	163504.2	0.01328	3.595243	0.848472	16.35042	1.327991	0.848472
5	9.54	13.46	4.66	4.305862	149926	0.01361	3.296676	0.861261	14.9926	1.361015	0.861261
6	8.82	11.74	4.04	3.980892	138610.8	0.013888	3.04787	0.873554	13.86108	1.388319	0.873554
7	8.06	9.99	3.41	3.639672	126729.9	0.014138	2.786624	0.882062	12.67299	1.413771	0.882062
8	7.27	8.38	2.81	3.282206	114283.2	0.014583	2.512938	0.893808	11.42832	1.458314	0.893808
9	6.48	6.84	2.31	2.924737	101836.5	0.014991	2.239252	0.925354	10.18365	1.499066	0.925354
10	5.62	5.33	1.78	2.534772	88258.31	0.015552	1.940685	0.949318	8.825831	1.555205	0.949318
11	4.79	4.15	1.4	2.161056	75245.86	0.016659	1.654558	1.027225	7.524586	1.665921	1.027225
12	4.07	3.15	1.03	1.836085	63930.7	0.017517	1.405752	1.046938	6.39307	1.751715	1.046938
13	3.53	2.52	0.84	1.592357	55444.32	0.018632	1.219148	1.135188	5.544432	1.863194	1.135188
14	3.13	2.06	0.66	1.413623	49220.98	0.019326	1.082305	1.131739	4.922098	1.932584	1.131739
15	2.74	1.7	0.55	1.234889	42997.64	0.020899	0.945462	1.23588	4.299764	2.089929	1.23588
16	2.45	1.44	0.48	1.104901	38471.57	0.022113	0.845939	1.347299	3.847157	2.211334	1.347299
17	2.12	1.19	0.37	0.958664	33379.74	0.024275	0.733977	1.379553	3.337974	2.427463	1.379553
18	1.73	0.9	0.28	0.77993	27156.4	0.027738	0.597134	1.577307	2.71564	2.773765	1.577307
19	1.33	0.67	0.21	0.601196	20933.06	0.034752	0.460291	1.990933	2.093306	3.47521	1.990933
20	0.97	0.43	0.17	0.438711	15275.48	0.041834	0.335888	3.026649	1.527548	4.188424	3.026649

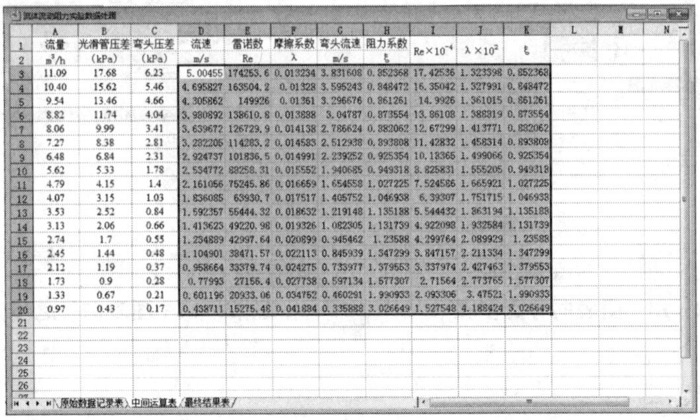

图 2-10　复制 D3:J3 单元格内容后的结果

(3) 运算结果

将"中间运算表"中 A3:A20、E3:E20、F3:F20、G3;G20、H3:H20、I3:I20、J3:J20、K3:K20 单元格区域内容复制到"最终结果表"，最终运算表见图 2-11。

	A	B	C	D	E	F	G
1	流量	雷诺数	摩擦系数	阻力系数	$Re\times10^{-4}$	$\lambda\times10^{2}$	ξ
2	m^3/h	Re	λ	ξ			
3	11.09	174253.6	0.013234	0.852368	17.42536	1.323398	0.852368
4	10.40	163504.2	0.01328	0.848472	16.35042	1.327991	0.848472
5	9.54	149926	0.01361	0.861261	14.9926	1.361015	0.861261
6	8.82	138610.8	0.013888	0.873554	13.86108	1.388319	0.873554
7	8.06	126729.9	0.014138	0.882062	12.67299	1.413771	0.882062
8	7.27	114283.2	0.014583	0.893808	11.42832	1.458314	0.893808
9	6.48	101836.5	0.014991	0.925354	10.18365	1.499066	0.925354
10	5.62	88258.31	0.015552	0.949318	8.825831	1.555205	0.949318
11	4.79	75245.86	0.016659	1.027225	7.524586	1.665921	1.027225
12	4.07	63930.7	0.017517	1.046938	6.39307	1.751715	1.046938
13	3.53	55444.32	0.018632	1.135188	5.544432	1.863194	1.135188
14	3.13	49220.98	0.019326	1.131739	4.922098	1.932584	1.131739
15	2.74	42997.64	0.020899	1.23588	4.299764	2.089929	1.23588
16	2.45	38471.57	0.022113	1.347299	3.847157	2.211334	1.347299
17	2.12	33379.74	0.024275	1.379553	3.337974	2.427463	1.379553
18	1.73	27156.4	0.027738	1.577307	2.71564	2.773765	1.577307
19	1.33	20933.06	0.034752	1.990933	2.093306	3.47521	1.990933
20	0.97	15275.48	0.041834	3.026649	1.527548	4.188424	3.026649

图 2-11　流体阻力实验最终结果表

三、实验结果的图形表示—绘制 λ - Re 双对数坐标图

1. 打开图表向导

在"最终结果表"中选定 B3：C20 单元格区域，点击工具栏上的"图表向导"（图 2 - 12 所示），得到"图表向导- 4 步骤之 1 -图表类型"对话框，选定标准类型下"XY 散点图"→散点图（图 2 - 13）。

图 2 - 12　图表向导

图 2 - 13　图表向导之步骤一

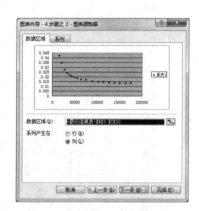

图 2 - 14　图表向导之步骤二

2. 创建 λ - Re 图

（1）点击"下一步"，得到"图表向导- 4 步骤之 2 -图表源数据"对话框（图 2 - 14）。若系列产生在"行"，改为系列产生在"列"。

（2）点击"下一步"，得到"图表向导- 4 步骤之 3 -图表选项" 对话框（图 2 - 15），在数值 x 值下输入 Re，在数值 y 值下输入 λ。

（3）点击"下一步"，得到"图表向导- 4 步骤之 4 -图表位置" 对话框（图 2 - 16），点击"完成"，得到直角坐标下的"λ - Re"图（图 2 - 17）

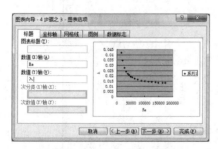

图 2 - 15　图表向导之步骤三

图 2 - 16　图表向导之步骤四

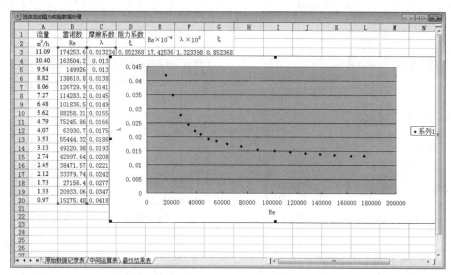

图 2-17　λ-Re 关系图

3. λ-Re 图的编辑

(1) 清除网格线和绘图区域填充效果

选定"数值 Y 轴主要网格线",点击 DEL 键,选定绘图区,点击 DEL 键,结果见图 2-18。

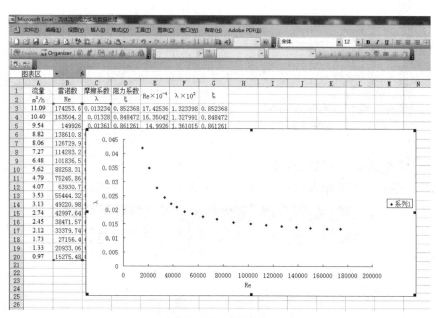

图 2-18　结果图

(2) 将 X、Y 轴的刻度由直角坐标改为对数坐标

选定 X 轴,右击鼠标,选择坐标格式得到"坐标轴格式"对话框,根据 *Re* 的数值范围点击"刻度",改变"最小值"为 10 000,并选中"对数刻度",从而将 X 轴刻度由直角刻度改为对数刻度,选定绘图区,右击鼠标,选择"图表选项",点击网格线,将数值(X)轴,勾选主要网格

线、次要网格线(图 2 - 19),同理将 Y 轴的刻度由直角刻度改为对数刻度,改变坐标轴后得到结果图(2 - 20)。

图 2 - 19　坐标格式对话框

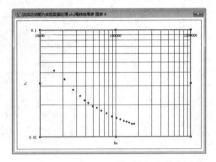

图 2 - 20　将 X、Y 轴改为对数刻度

(3) 用绘图工具绘制曲线

打开"绘图工具栏"(方法:点击菜单上"视图"→选择"工具栏"→选择"绘图"命令),单击"自选图形"→指向"线条"→再单击"曲线"命令(图 2 - 21)(方法:单击要开始绘制曲线的位置或点,再继续移动鼠标,然后单击要添加曲线的任意位置。若要结束绘制任务,随时双击鼠标),得到最终结果图(图 2 - 22)。

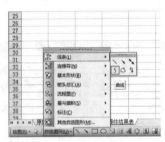

图 2 - 21　曲线工具

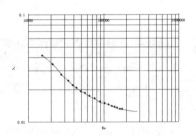

图 2 - 22　λ - Re 关系图

【例 2 - 2】绘制离心泵性能曲线

离心泵性能综合实验单泵结果表如图 2 - 23 所示。

	A	B	C	D	E	F	G	H	I
1	实测值					n=2900r/min			
2	V(m³/h)	H(m)	N(w')	n(r/min)	V₁(m³/h)	H₁(m)	10N₁(kw)	η	
3	16.6	13.485	1299.4	2889	16.318	13.031	12.34	0.467	
4	14.87	16.959	1229.3	2894	14.593	16.332	11.62	0.556	
5	13.48	19.234	1158.6	2898	13.21	18.471	10.9	0.607	
6	11.95	21.724	1190	2904	11.687	20.777	11.13	0.591	
7	10.52	23.711	1090.7	2910	10.267	22.584	10.14	0.62	
8	9.04	25.72	1020.1	2916	8.804	24.397	9.42	0.618	
9	7.5	27.749	949.5	2923	7.287	26.195	8.71	0.594	
10	6.02	28.978	878.5	2930	5.835	27.226	8	0.538	
11	4.47	30.126	807	2936	4.324	28.188	7.3	0.452	
12	2.96	30.741	735.6	2944	2.855	28.607	6.6	0.335	
13	1.53	30.864	663.4	2950	1.473	28.605	5.92	0.193	
14	0	30.956	591.7	2960	0	28.497	5.23	0	
15									

图 2 - 23　离心泵性能综合实验结果

1. 创建单泵特性曲线

选定"单泵结果表"中 E2:H14 单元格区域,点击工具栏上的"图标向导",得到"图表向导-4 步骤之 1-图表类型"对话框,选定标准类型下"XY 散点图"→散点图→下一步→得到"图表向导-4 步骤之 2-图表源数据"对话框→得到"图表向导-4 步骤之 3-图表选项" 对话框→在数值 x 值下输入 V(m³/h),在数值 y 值下输入 H(m) N(kw))(扬程和功率共用 Y 轴)→下一步→完成→清除网格线和绘图区填充效果(图 2-24)。

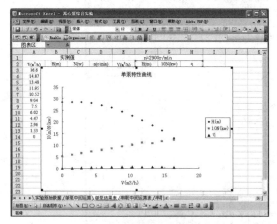

图 2-24　单泵特性曲线

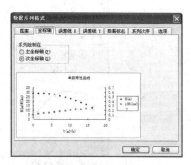

图 2-25　次坐标轴的选定

2. 特性曲线的编辑

(1) 将效率置于次坐标轴

选定▲(效率-流量关系曲线),单击鼠标右键,选择"数据系列格式"→"数据系列格式"对话框(图 2-25)→选定"坐标轴"选项→选择"次坐标轴",得到图 2-26。

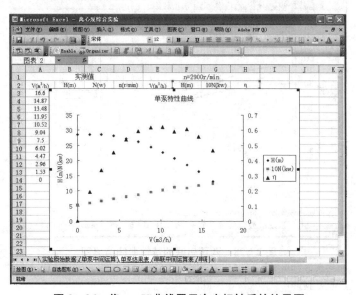

图 2-26　将 η-V 曲线置于次坐标轴后的结果图

（2）添加标题和趋势线

绘图区单击鼠标右键→选择"图表选项"选项→在次数值（Y）轴 Y 输入 η→确定，分别选择 H、N、η 单击鼠标右键→选择"添加趋势线"选项选择"多项式"选项→确定，得到单泵特性曲线结果图（图 2-27）。

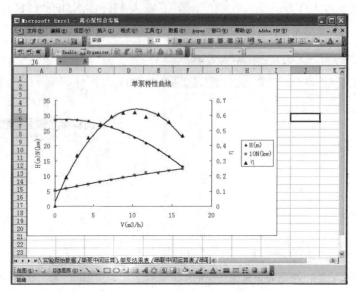

图 2-27　单泵特性曲线结果图

3. 同理可得串联泵的特性曲线如图 2-28 所示

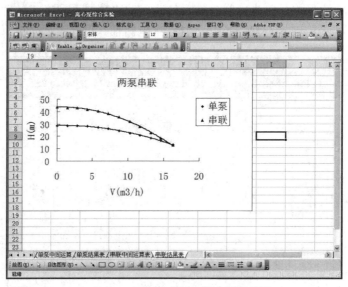

图 2-28　两泵串联的特性曲线结果图

【例 2-3】过滤实验

过滤实验结果表如图 2-29 所示。

P	ΔV	Δt	Δq	q	$\bar{q}$	Δt/Δq
0.06	810	29.35	0.0192	0.0192	0.00958	1531.13
	815	33.29	0.0193	0.0385	0.02881	1726.02
	810	36.68	0.0192	0.0576	0.04804	1913.52
	800	40.36	0.0189	0.0766	0.06709	2131.82
	805	43.97	0.0191	0.0956	0.08608	2308.07
	795	49.79	0.0188	0.1144	0.10501	2646.45
	790	54.23	0.0187	0.1331	0.12377	2900.69
	800	59.88	0.0189	0.1520	0.14258	3162.86
0.1	795	42.45	0.0188	0.0188	0.00941	2256.31
	800	45.59	0.0189	0.0377	0.02828	2408.06
	790	48.59	0.0187	0.0564	0.04709	2599.01
	805	52.95	0.0191	0.0755	0.06597	2779.45
	810	56.25	0.0192	0.0947	0.08508	2934.44
	810	58.40	0.0192	0.1138	0.10425	3046.61
	810	62.28	0.0192	0.1330	0.12341	3249.02
	805	65.13	0.0191	0.1520	0.14252	3418.80
0.14	790	75.50	0.0187	0.0187	0.00935	4038.39
	795	77.80	0.0188	0.0375	0.02810	4135.24
	790	79.50	0.0187	0.0562	0.04686	4252.34
	790	82.10	0.0187	0.0749	0.06555	4391.41
	795	85.70	0.0188	0.0937	0.08431	4555.14
	800	87.50	0.0189	0.1126	0.10318	4621.75
	810	90.70	0.0192	0.1318	0.12223	4731.63
	805	93.10	0.0191	0.1509	0.14134	4887.00

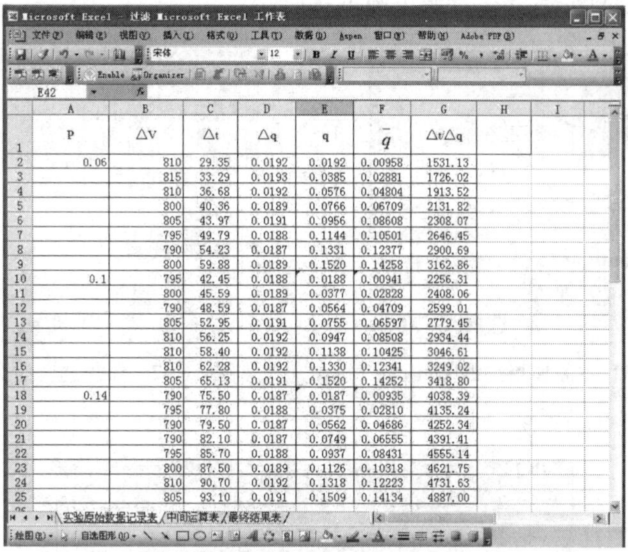

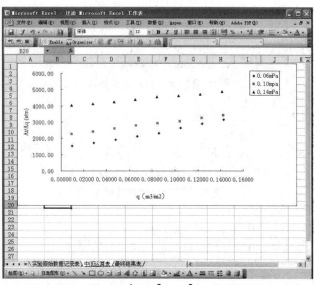

图 2－29　过滤实验结果表

1. 创建 $\dfrac{\Delta\tau}{\Delta q}=\dfrac{2}{K}q+\dfrac{2}{K}q_e$ 图

分别选定 F2:G25 单元格区域，得到图 2－30。

图 2－30　$\dfrac{\Delta\tau}{\Delta q}=\dfrac{2}{K}q+\dfrac{2}{K}q_e$ 关系图

2. 添加趋势线和趋势方程

鼠标右击小三角形(0.14 MPa)，选择“添加趋势线”命令→“添加趋势线”对话框(图 2－31)→选择“线性”选项→单击确定，同理右击小正方形(0.10 MPa)、小菱形(0.06 MPa)；右击每条线→选择“趋势线格式”命令→“趋势线格式”对话框→选择“选项”→选中“显示公式”

与"显示 R 平方值"（图 2-32）→单击确定,得到图 2-33。

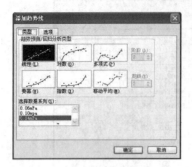

图 2-31　"添加趋势线"对话框

图 2-32　添加趋势线之选项

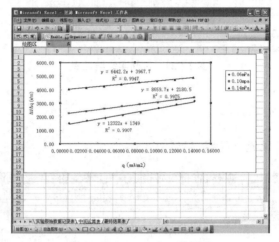

图 2-33　$q-\Delta\tau/\Delta q$ 关系图

3. 求恒压过滤常数

因 $\dfrac{\Delta\tau}{\Delta q}=\dfrac{2}{K}q+\dfrac{2}{K}q_e$,由 $\dfrac{\Delta\tau}{\Delta q}=\dfrac{2}{K}q+\dfrac{2}{K}q_e$,所以 $\dfrac{2}{K}=12\,322$, $\dfrac{2}{K}q_e=1\,349$,解得: $K=1.623\times10^{-4}\ \mathrm{m^2/s}$, $q_e=0.109\,5\ \mathrm{m^3/m^2}$;计算结果见表 2-5。

表 2-5　过滤结果数据表

序号	过滤压差 MPa	$q-\dfrac{\Delta\tau}{\Delta q}$ 直线 斜率 $2/K$	$q-\dfrac{\Delta\tau}{\Delta q}$ 直线 截距 $2q_e/K$	K （$\mathrm{m^2/s}$）	q_e （$\mathrm{m^3/m^2}$）	θ_e （s）
1	0.6	12 322	1 349	1.62×10^{-4}	0.109 5	74.01
2	0.10	8 659.7	2 180.5	2.31×10^{-4}	0.251 8	274.2
3	0.14	6 442.2	3 967.7	3.10×10^{-4}	0.615 9	1 223.6

注:介质常数 q_e、θ_e 只能以第一组压力(0.06 MPa)为准,即 $q_e=0.109\,5\ \mathrm{m^3/m^2}$, $\theta_e=74.01\ \mathrm{s}$,另外两个压力过滤开始就有滤饼了,测定的数据偏大。

4. 求滤饼的压缩性指数 S

选定 B27:C30 单元格区域,得到图 2-34。

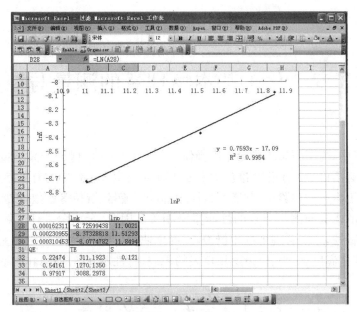

图 2 – 34　$\ln K$ — $\ln\Delta P$

得压缩性指数 $S= 1-0.759\ 3=0.240\ 7$。

思 考 题

(1) 什么叫误差? 误差有哪些表示方法?

(2) 误差产生的原因是什么? 如何对误差进行分类?

(3) 测定值的随机误差有哪些特性?

(4) 测量的准确度和精密度各表示什么意义?

(5) 对某物理量进行 5 次等精度测定,得到的测量值分别为 33.6,33.2,33.8,33.4,33.5。分别计算这组数据的算术平均误差和标准误差。

(6) 对以下数据取三位有效数字:7 724,12.45,4.135,2.425 01,471.49。

(7) 指出下列各近似值有几位有效数字?

① 0.000 1;② 1.000 2;③ 123.06;④ 5.20。

(8) 给出如下算式的计算结果(算式中的数据均为近似值)。

① 72.45+81.4+76.635　　② 721.5×0.35　　③ 25.12÷3.2

④ $2.18^{1/2}$　　　　　　　　　⑤ lg 482.5

(9) 实验测得 (x,y) 的一组数据如下。假设 x,y 之间为线性关系 $y=a+bx$。试用最小二乘法试确定其常数 a 和 b。

(36.9,181),(46.7,197),(63.7,235),(77.8,270),(84.0,289),(87.5,292)

参 考 文 献

[1] 汪学军,李岩梅,楼涛.化工原理实验[M].北京:化学工业出版社,2009.

[2] 罗传义,时景荣.实验设计与数据处理[M].长春:吉林人民出版社,2002.

第3章　化工基本物理量的测量与控制

在工业生产中,为了正确地指导生产操作,保证生产安全,保证产品质量和实现生产过程自动化,一项必不可少的工作是准确而及时地检测出生产过程中的有关参数。

目前,在化工生产和实验中,常需测量压力、温度、流量、液位等参数,需要采用多种测量仪表,测量数据的优劣与测量仪表的性能紧密相关。因此,全面深入地了解测量仪表的结构、工作原理和特性,才能合理地选用仪表,正确地使用仪表,得到优质的测量数据。本章就化工实验室中测量温度、压力、流量所用仪表的原理、特性及安装应用,作一些简要的介绍。

§3.1　压力(差)的测量

压力是化工生产和实验过程中重要的工艺参数之一,因此,正确地测量和控制压力是保证化工生产和实验过程良好地运行,达到优质、高产、低耗及安全生产的重要环节。

化工生产和实验中测量压力的范围很广,要求的精度也各异,因此目前使用的压力测量仪器的种类很多,原理各异。其中,根据压力测量仪器工作原理的不同可分为液柱式压力计、弹性式压力计和电测式压力计;而根据所测压强范围的不同可分为压强计、气压计、微压计、真空计、压差计等;根据仪表的精度等级的不同可分为标准压强计(精度等级在 0.5 级以上)和工程用压强计(精度等级在 0.5 级以下);根据显示方式的不同可分为指示式、自动记录式、远传式、信号式等。

一、液柱式压力计

液柱式压力计是以流体静力学为基础的,根据液柱高度来确定被测压力的压力计。液柱所用的液体种类很多,可以采用单纯物质,也可以用液体混合物,但所用液体在与被测物质接触处必须有一个清晰而稳定的界面,即所用液体不能与被测介质发生化学反应或形成均相混合物;同时,液体在环境温度的变化范围内不能发生汽化、凝固。常用的工作液体有水银、水、酒精,当被测压力或压力差很小,且流体是水时,还可用甲苯、氯苯、四氯化碳等作为指示液。液柱式压力计结构简单,精度较高,既可用于测量流体的压力,又可用于测量流体的压力差。

液柱式压力计的基本形式有 U 形管压力计、倒 U 形管压力计、单管式压力计、斜管式压力计、微差压力计等。

1. U 形管压力计

在实验室中,若要测量的流体的压力不大,可使用玻璃 U 形管压力计。其结构简单,制作方便,读数直观,价格低廉。U 形管压力计的结构如图 3-1 所示。

在 U 形管两端连接两个测压点，由于两边压力不同，两边液面会产生高度差 R，根据读数 R，可依式 3-1 计算两点间的压差。

$$p_1 - p_2 = (\rho_0 - \rho)gR \qquad (3-1)$$

式中：ρ——管路中液体密度，kg/m^3；

ρ_0——U 形管中指示液密度，kg/m^3。

U 形管压差计的测量误差一般可达 2 mm。

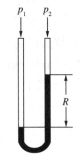

图 3-1　U 形管压力计的结构

2. 倒 U 形管压力计

将 U 形管压力计倒置，如图 3-2 所示，称为倒 U 形管压力计。这种压力计的优点是不需要另加指示液而以待测流体指示，倒 U 形管的上部为空气，适用于被侧压差较小的场合，相应的压差计算公式如式3-2所示。

$$p_1 - p_2 = (\rho - \rho_{空气})gR \qquad (3-2)$$

式中：ρ——管路中液体的密度，kg/m^3；

$\rho_{空气}$——U 形管中空气的密度，kg/m^3。

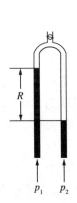

图 3-2　倒 U 形管压力计的结构

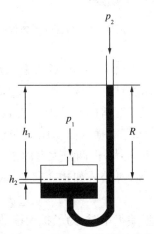

图 3-3　单管式压力计的结构

3. 单管式压力计

单管式压力计是 U 形管压力计的一种变形，如图 3-3 所示。单管式压力计是用一只杯代替 U 形管压力计的一根管，由于杯的截面远大于玻璃管的截面（一般两者的比值要等于或大于 200），所以在其两端作用不同的压强时，细管一边的液柱从平衡位置升高 h_1，杯形一边下降 h_2。根据等体积原理，h_1 远大于 h_2，故 h_2 可忽略不计。因此，在读数时只需读液柱一边的高度即 R，故其读数误差可比 U 形管压力计减少一半。

4. 斜管式压力计

斜管式压力计可用来测量微小的压强和负压，结构如图 3-4 所示。斜管式压力计是将 U 形管压力计或单管式压力计的玻璃管与水平方向作角度 α 的倾斜，以便在压力微小变化时可提高读数的精度。为准确测定 α，可用水准仪测校水平位置。由于酒精有较小的密度，常用它作为斜管式压力计的工作液体，以提高微压计的灵敏度。如果要求斜管式压力计测量不同的压力范围,则可采用斜管倾斜角度可变的微压计,即通过改变倾斜角 α 的大小来改变压力测量范围。

斜管式压力计的测压范围一般为 $0 \sim \pm 200$ mm 水柱,精度为 $0.5 \sim 1$ 级,可用来测表压、负压、差压和校验低压的标准表。其特点是零位刻度在刻度标尺的下端,使用前需水平放置,调好零位。

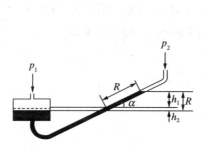

图 3-4　斜管式压力计的结构

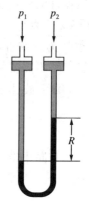

图 3-5　微差压力计

5. 微差压力计(双液 U 形管微压差计)

微差压力计的结构如图 3-5 所示,微差压力计是在 U 形管上方增设两个扩大室,内装密度接近但不互溶的两种指示液 A 和 C($\rho_A > \rho_C$),扩大室内径与 U 形管内径之比应大于 10,这样扩大室的横截面积比 U 形管的横截面积大得多,即可认为即使 U 形管内指示液 A 的液面差 R 较大,但两扩大室内指示液 C 的液面变化微小,可近似认为维持在同一水平面。相应的压差计算公式如式 3-3 所示。

$$p_1 - p_2 = (\rho_A - \rho_C)gR \tag{3-3}$$

当压强差很小时,为了扩大读数 R,减小相对读数误差,可以通过减小 $\rho_A - \rho_C$ 来实现。$\rho_A - \rho_C$ 越小,则读数 R 越大,故当所用的两种液体密度接近时,可以得到读数很大的 R,这在测微小压差时特别适用。

工业上常用的 A-B 指示液为石蜡油-工业酒精;实验室常用苄醇-氯化钙溶液(氯化钙溶液的密度可以用不同的浓度来调节)。

6. 液柱式压力计使用注意事项

液柱式压力计虽然构造简单、使用方便、测量准确度高,但耐压程度差、测量范围小、容易破碎,其示值与工作液体的密度有关,因此在使用中必须注意以下几点。

(1)被测压力不能超过仪表测量范围。有时因被测对象突然增压或操作不注意造成压强增大,使工作液被冲走。若是水银工作液被冲走,既带来损失,还可能造成汞中毒,在工作中应特别注意。

(2)若取压点不在同一水平面上,用液柱式压力计测量压力差时,必须考虑取压点的位能。

(3)被测介质不能与工作液混合或起化学反应。当被测介质要与水或水银混合或发生反应时,则应更换其他工作液或采取加隔离液的方法。

（4）液柱压力计安装的位置应避开过热、过冷及有震动的地方。因为过热会使工作液易蒸发;过冷可能使工作液冻结;震动太大会把玻璃管震破,造成测量误差,或根本无法指示。一般,冬天常在水中加入少许甘油或者采用酒精、甘油、水的混合物作为工作液以防冻结。

（5）在使用过程中应保持测量管和刻度标尺的清晰,定期更换工作液。

（6）在使用过程中要经常检查仪表本身和连接管间是否有泄漏现象。

（7）由于液体的毛细现象,在读取压强值时,视线应在液柱面上,观察水时应看凹液面处,观察水银时应看凸液面处。

二、弹性压力计

弹性压力计是利用各种形式的弹性元件作为敏感元件来感受压强,并以弹性元件受压后变形产生的反作用力与被测压力平衡,此时弹性元件的变形程度就是压强的函数,根据形变的大小便可计算出被测压力的数值。这样就可以用测量弹性元件的变形（位移）的方法来测压强的大小。

弹性压力计中常用的弹性元件有弹簧管、膜片、膜盒、皱纹管等,其中弹簧管压力计的测量范围宽,读数精确度较差,但可克服玻璃管 U 形压力计易碎和测量范围有限的缺点,故在化工实验室和工业生产中应用最广泛。用于测量正压的弹簧管压力计,称为压力表;用于测量负压的,称为真空表。

1. 弹簧管压力计的工作原理

弹簧管压力计主要由弹簧管、齿轮传动机构、示数装置（指针和分度盘）以及外壳等几个部分组成,其结构如图3-6所示。

弹簧管的另一端焊在仪表的壳体上,并与管接头相通,管接头用来把压力计与需要测量压力的空间连接起来,介质由所测空间通过细管进入弹簧管的内腔中。在介质压力的作用下,弹簧管由于内部压力的作用,其断面极力倾向变为圆形,迫使弹簧管的自由端移动,这一移动距离即管端位移量借助拉杆 4,带动

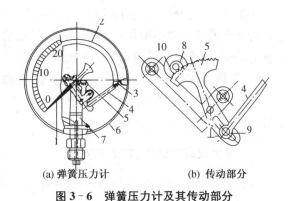

(a) 弹簧压力计　　　(b) 传动部分

图 3-6　弹簧压力计及其传动部分

1—指针;2—弹簧管;3—接头;4—拉杆;5—扇形齿轮;
6—壳体;7—基座;8—齿轮;9—铰链;10—游丝

齿轮传动机构 5 和 8,使固定在齿轮 8 上的指针 1 相对于分度盘旋转,指针旋转角的大小正比于弹簧管自由端的位移量,亦即正比于所测压力的大小,因此可借助指针在分度盘上的位置指示出待测压力的值。

2. 弹簧管压力计使用安装中的注意事项

为了保证弹簧管压力计正确指示和长期使用,一个重要的因素是仪表的安装与维护,在使用时应注意以下几点。

（1）在选用弹簧管压力计时，要注意被测物质的物性。测量爆炸、腐蚀、有毒气体的压强时，应使用特殊的仪表。其中，氧气压力表严禁接触油类，以免爆炸。

（2）仪表应工作在正常允许的压强范围内，操作压强比较稳定时，操作指示值一般不应超过量程的 2/3，在压强波动时，应在其量程的 1/2 处。

（3）工业用压力表应在环境温度为 −40℃～60℃、相对湿度不大于 80％ 的条件下使用；在振动情况下使用仪表时要装减震装置；测量结晶或黏度较大的介质时，要加装隔离器。

（4）仪表必须垂直安装，仪表安装处与测定点间的距离应尽量短，以免指示迟缓；仪表处应无泄漏现象。

（5）仪表的测定点与仪表的安装处应处于同一水平位置，否则将产生附加高度误差，必要时需加修正值。

（6）仪表必须定期校验，必须使用合格的仪表。

三、电测式压力计

随着工业自动化程度的不断提高，往往需要将测量的压力转换成容易远传的电信号，以便集中检测和控制。压力传感器能够测量并提供远传信号，而电测法就是通过压力传感器将压力的变化转换成电阻、电流、电压频率等形式的信号，从而实现压力的间接测量。这种压力计反应较迅速，易于远距离传送，在测量压力快速变化、脉动压力、高真空、超高压的场合下较合适。其主要类别有应变式、霍尔式、电感式、压电式、压阻式和电容式等。

压电式压力传感器是利用压电材料的"压电效应"把被测压力转换成电信号进行压力的测量，应用压电式压力传感器可以测量 100 MPa 以内的压力，频率响应可达 30 kHz。

压阻式压力传感器是利用半导体材料的"压阻效应"原理制成的传感器。压阻式压力传感器的特点是易于微小型化；灵敏度高，其灵敏系数比金属应变的灵敏系数高 50～100 倍；测量范围很宽，可以对低至 10 Pa 的微压，高至 60 MPa 的高压进行测量；其精度高、工作可靠，测量精度可达千分之一，而对高精度产品的测量精度可以达到万分之二。

霍尔式压力传感器是基于霍尔效应原理，利用霍尔元件将被测压力转换成霍尔电势输出的一种传感器。

四、压力仪表的选择、校验和安装

压力仪表的正确选择、校验和安装是保证其在生产过程中发挥应有作用及保证测量结果安全可靠的重要环节。

1. 压力仪表的选择

正确选择压力仪表的类型是保证安全生产及仪表正常工作的重要前提。

首先，在测量压力时，应该根据被测体系压强的大小及变化范围选择适当量程范围的压力仪表。为了避免压力计因超负荷而损坏，压力计的上限值应该高于实际操作中可能出现的最大压力值。当被测压力比较稳定时，最大工作压力不应超过压力计测量上限值的 2/3，而在测量波动较大的压力时，最大工作压力不应超过压力计测量上限值的 1/2。此外，为了保证测量值的准确度，一般被测压力的最小值以不低于仪表全量程的 1/3 为宜。在根据所测参数的大小计算出仪表的上、下限后，按所选测量上限应大于（最接近）或至少等于计算求出的上限值，并同时满足最小值的原则,从国家规定生产的标准系列中选取适当量程范围的压力仪表。

其次,根据工艺生产或实验研究所允许的最大误差来确定的仪表精度等级。通常情况下,仪表越精密,测量结果越精确、可靠,但是越精密的仪表,一般价格越高,维护和操作要求越高。因此,应在满足操作要求的前提下,本着经济的原则,正确选择仪表的精度等级,以免造成不必要的投资浪费。

最后,根据所测介质的物理、化学性质和状态(如黏度大小、温度高低、腐蚀性、清洁程度等)是否对测量仪表有特殊要求,周围环境条件(诸如温度、湿度、振动等)对仪表类型是否有特殊要求,以及是否需要远传变送、报警或自动记录等对仪表类型进行选择。如压强信息需要远传,则需选择可远距离传输和记录的测压仪表。

2. 压力仪表的校验

为了保证长期使用中的压力仪表的示值的可靠性,必须对其进行定期校验,另外新的仪表在安装使用前,也需要对其进行校验。压力仪表的校验方法通常有两种,一是将被校表与标准表的示值在相同条件下进行比较;另一种是将被校表的压力与标准压力进行比较。校验时一般在被校表的测量范围内,均匀地选择至少 5 个以上的校验点(包含起始点和终点)。

3. 压力仪表的安装

压力仪表的安装正确与否,直接影响到测量结果的准确性及仪表的使用寿命。

首先要选择具有代表性的取压位置。总的说来,测压点应尽量选在受流体流动干扰最小的地方,只有这样才能真实地反映被测压力的变化。如果在管线上测压,测压点应选在离上游的管件、阀门或其他障碍物 40~50 倍管内径的距离;若不能保证 40~50 倍管内径的距离,可通过设置整流管或整流板消除影响;当测量水平或侧斜管道中液体压力时,取压口应开在管道下半平面,且与垂线的夹角为 45°,以防止气体和固体颗粒进入导压管;当测量水平或侧斜管道中气体压力时,取压口应开在管道上半平面,且与垂线的夹角为 45°,以防止液体和粉尘进入导压管;若被测介质为蒸汽时,取压口一般开在管道的侧面。

其次是引压管的正确安装与使用。安装时要注意引压管管口应最好与设备连接处内壁平齐;为了不引起二次环流,引压管的管径应细些,且引压管的长度应尽可能缩短;取压点和压力表之间在靠近管口处应安装切断阀,以备检修压力仪表时使用;引压管中的介质为液体时,在导压管最高处要装排气阀,而引压管中的介质为气体时,在导压管最低处要装排液阀。

最后是压力表的正确安装。安装时要注意将压力仪表安装在易于观察和维修的地方,力求避免振动和高温影响,或采用必要的防高温防热措施。当测量蒸汽压力或压差时,为防止高温蒸汽与测压元件直接接触,应装冷凝管或冷凝器。当测量腐蚀性介质时,应加装充有中性介质的隔离罐。压力仪表的连接处应根据介质性质和压力高低,加装合适的密封垫圈,以防泄漏。

§3.2　流量与流速的测量

流量是化工生产与科学实验中的重要参数,不论是工业生产和科学实验都要进行流量的测量,以核算过程和设备的生产能力,以便对过程或设备做出评价。流量的测量方法和仪器有很多,最简单的流量测量方法是量体积法和称重法,即通过测量流体的总量(体积或质量)和时间间隔,求得流体的平均流量。这种方法不需使用流量测量仪表,但无法测定封闭体系中的流量。目前,常用的测量流量的仪表有节流式流量计、转子流量计、涡轮流量计和湿式流量计。

一、节流式流量计

1. 节流式流量计的构造和工作原理

节流式流量计是基于流体经过节流元件时,由于流通面积突然缩小,促使流束产生局部收缩,流速加快,静压力降低,在节流元件前后产生压力差,可以通过测量此压差的大小,再按一定的函数关系来计算出流量值。因此,这种类型的流量计亦被称为差压式流量计。

孔板、喷嘴、文丘里管是常用的节流元件。孔板结构简单,易加工,造价低,但能耗大。喷嘴的能耗小于孔板,但比文丘里管大,比较适合测量腐蚀性大和不洁净流体的流量。文丘里管的能耗最小,基本不存在永久压降,但制造工艺复杂,成本高。

由连续性方程和伯努利方程可以导出通过节流式流量计的流量和压差的关系方程,此方程称为流量基本方程,具体形式如下。

$$V_s = C_0 A_0 \sqrt{\frac{2(p_1 - p_2)}{\rho}} \tag{3-4}$$

将 $p_1 - p_2$ 用 U 形管压差计公式代入,则

$$V_s = C_0 A_0 \sqrt{\frac{2Rg(\rho' - \rho)}{\rho}} \tag{3-5}$$

式中: ρ', ρ——指示液与管路流体的密度,kg/m^3;

　　　　R——U 形管压差计的液面差,m;

　　　　A_0——节流孔的开孔面积,m^2;

　　　　C_0——孔流系数又称流量系数。

上式适用于不可压缩流体,对可压缩流体可在该式右边乘以被测流体的膨胀校正系数 ε。流量系数一般要用实验测定,但对标准节流元件有确定的数据可查,不必进行测定。

2. 使用节流式流量计时应注意的问题

节流式流量计是目前工业生产中用来测量气体、液体和蒸汽流量的最常用的一种流量仪表。使用节流式流量计测量流量时,影响流动形态、速度分布和能量损失的各种因素,都会对流量与压差的关系产生影响,从而导致测量误差。因此使用时必须注意以下问题。

(1) 对流体和流动状态的要求

使用标准节流装置时,流体的性质和状态必须满足下列条件。

① 流体必须充满管道和节流装置,并连续地流经管道。

② 流体必须是牛顿型流体,而且在物理学和热力学上是均匀的、单相的流体,或者可以认为是单相的流体,如具有高分散程度的胶质溶液。

③ 流体流经节流件时不发生相变。

④ 流体的流量不随时间变化或变化非常缓慢。

⑤ 流体在流经节流件以前,流束是平行于管道轴线的无旋流。

（2）对管道条件的要求

安装节流式流量计对管道条件的要求主要包括以下几点。

① 节流元件应安装在水平管道上，孔口的中心线应与管轴线相重合。

② 节流元件前后应有足够长的直管段作为稳定段，一般上游直管段的长度为 $30d \sim 50d$，下游直管段的长度大于 $10d$，在稳定段中不能安装各种管件、阀件和测压、测温等测量装置。

③ 注意节流元件的安装方向，使用孔板时，应使锐孔朝向上游。

二、转子流量计

1. 转子流量计的构造和工作原理

转子流量计属于变截面、恒压头的流量计，是通过改变流通面积来指示流量的。转子流量计具有结构简单，读数直观，测量范围大，使用方便，价格便宜等优点，被广泛应用于化工实验和生产中。转子流量计的构造如图 3-7 所示，它主要由两个部分组成，一个是由下往上逐渐扩大的锥形管（通常用玻璃制成）；另一个是锥形管内可自由运动的转子。

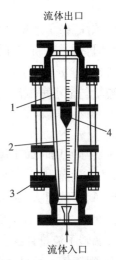

图 3-7　转子流量计
1—锥形玻璃管；2—刻度；
3—突缘填函盖板；4—转子

在整个测定过程中，被测流体从玻璃管底部进入，从顶部流出。当流体自下而上流过垂直的锥形管时，转子受到两个力的作用：一个是垂直向上的推动力，它等于流体流经转子与锥管间的环形截面所产生的压力差；另一个是垂直向下的净重力，它等于转子所受的重力减去流体对转子的浮力。当流量加大使压力差大于转子的净重力时，转子就上升；当流量减小使压力差小于转子的净重力时，转子就下沉；当压力差与转子的净重力相等时，转子处于平衡状态，即停留在一定位置上。玻璃管外表面刻有读数，根据转子的停留位置，即可读出被测流体的流量。流过转子流量计的流体体积流量为

$$V_s = C_R A_R \sqrt{\frac{2g V_f (\rho_f - \rho)}{A_f \rho}} \qquad (3-6)$$

式中：V_f——转子的体积，m^3；

　　　A_f——转子最大部分的截面积，m^2；

　　　ρ_f，ρ——转子材质与被测流体密度，kg/m^3；

　　　C_R——转子流量计的流量系数，可由实验测定或从有关仪表手册中查得；

　　　A_R——转子与玻璃管的环形截面积，m^2；

　　　V_s——流过转子流量计的体积流量，m^3/s。

对于一定的转子流量计，流量系数 C_R 为常数，流量与 A_R 成正比。由于玻璃管呈倒锥形，所以环形面积 A_R 的大小与转子所在位置有关，因而可用转子所处位置的高低来反映流量的大小。

2. 转子流量计的刻度换算和测量范围

通常转子流量计出厂前,均用20℃的水或20℃、1.013×10^5 Pa 的空气进行标定,并直接将流量值刻于玻璃管上。当被测流体与上述条件不符时,应作刻度换算。在同一刻度下,假定 C_R 不变,并忽略黏度变化的影响,则被测流体与标定流体的流量关系为

$$\frac{V_{s2}}{V_{s1}} = \sqrt{\frac{\rho_1(\rho_f - \rho)}{\rho_2(\rho_f - \rho_1)}} \tag{3-7}$$

式中下标 1 表示出厂标定时所用流体,下标 2 表示实际工作流体。对于气体,因为转子材质的密度 ρ_f 比任何气体的密度要大得多,所以式 3-7 可简化为

$$\frac{V_{s2}}{V_{s1}} = \sqrt{\frac{\rho_1}{\rho_2}} \tag{3-8}$$

必须注意:上述换算公式是在假定 C_R 不变的条件下推出的,当使用条件与标定条件相差较大时,则需重新实际标定刻度与流量的关系曲线。

通常 V_f, ρ_f, A_f, ρ 与 C_R 为定值,由式 3-6 可知,V_s 正比于 A_R。故转子流量计的最大可测流量与最小可测流量之比为

$$\frac{V_{s\,max}}{V_{s\,min}} = \frac{A_{R\,max}}{A_{R\,min}} \tag{3-9}$$

在实际使用时如流量计不符合具体测量范围的要求,可以更换成车削转子。对同一玻璃管,转子截面积 A_f 越小,环隙面积 A_R 越大,最大可测流量大而 $V_{s\,max}/V_{s\,min}$ 较小,反之则相反。但 A_f 不能过大,否则流体中的杂质容易将转子卡住。

3. 转子流量计的安装与使用

玻璃转子流量计在安装使用前,应先检查其技术参数,如测量范围、精确度等级、额定工作压力、温度等参数是否符合使用要求。在安装和使用时主要应注意以下问题。

(1) 转子流量计必须垂直安装,不允许有明显的倾斜(倾角要小于2°),否则会带来测量误差。

(2) 为了检修方便,在转子流量计上游应设置调节阀,且调节或控制流量不宜采用电磁阀等速开阀门,否则,迅速开启阀门,转子就会被冲到顶部,因骤然受阻失去平衡而将玻璃管撞破或将玻璃转子撞碎。

(3) 转子对沾污比较敏感。如果黏附有污垢,转子的质量、环形通道的截面积会发生变化,甚至还可能出现转子不能上下垂直浮动的情况,从而引起测量误差。

(4) 被测流体温度高于70℃时,应在流量计外侧安装保护套,以防玻璃管因溅有冷水而骤冷破裂。国产 LZB 系列的转子流量计的最高工作温度有120℃和160℃两种。

(5) 管路中如有倒流,特别是有水锤作用时,为防止损坏流量计,应在其下游阀门之后安装单向逆止阀。

(6) 流量计使用时,应先缓慢开启上游阀门至全开,然后用流量计下游的调节阀调节流量。流量计停止工作时,应先缓慢关闭流量计上游阀门,然后关闭下游的流量调节阀;流量计必须待浮子稳定后方能读取示值。使用时应避免被测流体的温度、压力急剧变化。流量计的锥管、浮子如有沾污或损伤应及时清洗、更换。

三、涡轮流量计

1. 涡轮流量计的结构和工作原理

涡轮流量计是以动量守恒原理为基础设计的流量测量仪表。涡轮流量计由涡轮流量变送器和显示仪表组成。涡轮流量变送器包括涡轮、导流器、磁电感应转换器、外壳及前置放大器等部分,如图 3－8 所示。涡轮是用高导磁系数的不锈钢材料制成,叶轮芯上装有螺旋形叶片,流体作用于叶片使之旋转。导流器用以稳定流体的流向和支撑叶轮。电磁感应转换器由线圈和磁铁组成,用以将叶轮的转速转换成相应的电信号。涡轮流量计的外壳由非导磁不锈钢制成,用以固定和保护内部零件,并与流体管道连接。前置放大器用以放大电磁感应转换器输出的微弱电信号,进行远距离传送。

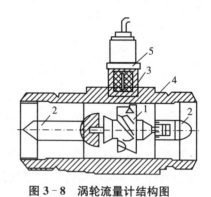

图 3－8　涡轮流量计结构图
1—涡轮;2—导流器;3—磁电感应转换器;
4—外壳;5—前置放大器

当流体通过安装有涡轮的管路时,流体的动能冲击涡轮发生旋转,流体的流速越高,动能越大,涡轮转速也就越高。在一定的流量范围和流体黏度下,涡轮的转速和流速成正比。当涡轮转动时,涡轮叶片切割置于该变送器壳体上的检测线圈所产生的磁力线,使检测线圈磁电路上的磁阻周期性变化,线圈中的磁通量也跟着发生周期性变化。检测线圈产生脉冲信号,即脉冲数,其值与涡轮的转速成正比,即与流量成正比。这个电信号经前置放大器放大后,对信号进行放大、整形,产生与流速成正比的脉冲信号,送入单位换算与流量计算电路,得到并显示累积流量值;同时亦将脉冲信号送入频率电流转换电路,将脉冲信号转换成模拟电流量,进而指示瞬时流量值。

2. 涡轮流量计的安装和使用

涡轮流量计的特点是能远距离传送,准度高(可达 0.2～0.5 级),压力损失小,量程宽(最大流量与最小流量之比为 10∶1),反应快,耐高压,体积小,其应用越来越广泛。要想充分发挥涡轮流量计的特点,在流量计的安装使用上必须注意以下问题。

(1)涡轮流量计出厂时是在水平安装情况下标定的,因此为了保证涡轮流量计的测量精度,涡轮变送器必须水平安装,否则会引起变送器的仪表常数发生变化。

(2)流速分布不均和管内二次流的存在是影响涡轮流量计测量准确度的重要因素。所以,涡轮流量计对上、下游直管段有一定要求。对于工业测量,一般要求上游 $20d$,下游 $5d$ 的直管长度。为消除二次流动,最好在上游端加装整流器。若上游端能保证有 $20d$ 左右的直管段,并加装整流器,可使流量计的测量准确度达到标定时的准确度等级。

(3)为了确保变送器叶轮正常工作,流体必须洁净,切勿使污物、铁屑等进入变送器。因此在使用涡轮流量计时,一般应加装过滤器,网目大小一般为 100 孔/cm²,以保持被测介质的洁净,减少磨损,并防止涡轮被卡住。

(4)涡轮流量计的一般工作点最好在仪表测量范围上限数值的 50% 以上,保证流量稍有波动时,工作点不至于移至特性曲线下限以外的区域。

(5)被测流体的流动方向须与变送器所标箭头方向一致。

(6)为保证通过流量计的液体是单相的,即不能让空气或蒸汽进入流量计,在流量计上游必要时应装消气器。对于易汽化的液体，在流量计的下游必须保证一定背压。该背压的大小可取最大流量下流量传感器压降的 2 倍加上最高温度下被测液体蒸汽压的 1.2 倍。

（7）当涡轮流量计的管道需要清洗时，必须开旁路，清洗液体不能通过流量计；管道系统启动时必须先开旁路，以防止流速突然增加，引起涡轮转速过大而损坏；涡轮流量计的轴承应定期更换，一般可根据小流量时的特性变化来观察其轴承的磨损情况。

§3.3　温度的测量

温度是表征物体冷热程度的物理量，是工业生产和科学技术实验中最普遍、最重要的操作参数之一。在化工生产中，温度的测量与控制同样有着重要的地位，温度的测量与控制是保证反应过程正常进行，确保产品质量与安全生产的关键环节。同样，每个化工原理实验装置上都装有温度测量仪表，如传热、干燥、蒸馏等，就是一些常温下的流体力学实验，也需要测定流体的温度，以便确定各种流体的物理性质，如密度、黏度的数值。因此，温度的测量与控制在化工实验中也占有重要地位。

一、温度测量的方法

温度不能直接测量，只能借助与冷热不同的物体之间的热交换，以及物体的某些物理性质随冷热不同而变化的特性，来加以间接的测量。根据测温的方式可把测温分为接触式测温与非接触式测温两大类。

任意两个冷热程度不同的物体相接触，必然要发生热交换现象，热量将由受热程度高的物体传到受热程度低的物体，直到两物体的冷热程度完全一致，即达到热平衡状态为止。接触法测温就是利用这一原理，选择某一物体同被测物体相接触，并进行热交换。当两者达到热平衡状态时，选择的物体与被测物体温度相等，于是，可以通过测量物体的某一物理量（例如液体的体积、导体的电阻等），得出被测物体的温度数值。当然，为了得到温度的精确测量，要求用于测温的物体的性质必须是连续、单值地随温度变化，并且要复现性好。用接触法测温的常用温度计有玻璃液体温度计、压力表式温度计、双金属温度计、热电偶以及热电阻等。接触法测温简单、可靠、测量精度高，但由于测温元件与被测介质需要一定的时间才能达到热平衡，因而产生了测温的滞后现象。另外测温元件容易破坏被测对象的温度场，且有可能与被测介质产生化学反应。由于受到耐高温材料的限制，接触式测温法也不能用于很高的温度测量。

用非接触法测温时，测温元件不与被测物体直接接触。例如应用热辐射原理进行测温的辐射式温度计，其测温范围很广，原理上不受温度上限的限制。由于它是通过热辐射来测量温度的，所以不会破坏被测物体的温度场，反应速度一般也比较快。但受物体的发射率、对象到仪表之间的距离、烟尘和水蒸气等其他介质的影响时，其测量误差较大。

二、温度测量的仪表

温度测量仪表种类繁多，表 3-1 为常用温度仪表的分类及性能。本节主要介绍最常用的液体膨胀式温度计、热电偶温度计、电阻温度计的工作原理，以及安装使用中的有关问题。

表 3 - 1　常用温度仪表的分类及性能

形式	工作原理	种　类	可使用的温度范围/℃	优　点	缺　点
接触式	热膨胀	玻璃管温度计	−80~500	结构简单,使用方便,测量准确,价格低廉	测量上限和精度受玻璃质量的限制,易碎,不能记录和远传
		双金属温度计	−80~500	结构简单,机械强度大,价格低廉	精度低,量程和使用范围也有限制
		压力式温度计	−100~500	结构简单,不怕振动,具有防爆性,价格低廉	精度低,测温距离较远时,仪表的滞后现象较严重
	热电阻	铂、铜电阻温度计	−200~600	测温精度高,便于远距离、仪器测量和自动控制	不能测量高温,由于体积大,测量点温度较困难
		半导体温度计	−50~300		
	热电偶	铜-康铜温度计	−100~300	测温范围广,精度高,便于远距离、集中测量和自动控制	需要进行冷端补偿,在低温段测量时精度低
		铂-铂铑温度计	200~1 800		
非接触式	辐射	辐射式高温计	100~2 000	感温元件不破坏被测物体的温度场,测温范围广	只能测高温,低温段测量不准,环境条件会影响测量准确度。

1. 玻璃管液体温度计

玻璃管液体温度计属于膨胀式温度计,是应用最广泛的一种温度计,其结构简单、价格便宜、读数方便,而且有较高的精度。

(1) 玻璃管液体温度计的构造、测温原理及分类

玻璃管液体温度计是利用玻璃感温泡内的测温物质(水银、酒精、甲苯、煤油等)受热膨胀、遇冷收缩的原理进行温度测量的。

玻璃管液体温度计按用途可分为工业、标准和实验室用三种。标准玻璃温度计是成套供应的,可以作为鉴定其他温度计用,准确度可达 0.05℃~0.1℃;工业用玻璃温度计为了避免使用时被碰碎,在玻璃管外通常有金属保护套管,仅露出标尺部分,供操作人员读数。实验室用的玻璃管温度计的形式和标准的相仿,准确度也较高。实验室用得最多的是水银温度计和有机液体温度计。水银温度计测量范围广、刻度均匀、读数准确,但玻璃管破损后会造成汞污染。有机液体(如乙醇、苯等)温度计着色后读数明显,但由于膨胀系数随温度而变化,故刻度不均匀,读数误差较大。

(2) 玻璃管液体温度计的安装和使用

玻璃管液体温度计要安装在便于读数的场所,不能倒装,也应尽量不要倾斜安装。玻璃管液体温度计应安装在没有大的振动,不易受碰撞的设备上,特别是有机液体玻璃温度计,如果振动很大,容易使液柱中断;玻璃管液体温度计的感温泡中心应处于温度变化最敏感处。在玻璃管液体温度计保护管中应加入甘油、变压器油等,以排除空气等不良导体,减小读数误差。为了准确地测定温度,用玻璃管液体温度计测定物体温度时,如果指示液柱不是

全部插入欲测的物体中,会使测定值不准确,必要时需进行校正。水银温度计读数时应按凸液面的最高点读数;有机液体玻璃温度计则应按凹液面的最低点读数。使用过程中应避免温度计骤冷骤热,温度计不经预热立即插入热介质中并突然从热介质中抽出是常见的不正确使用方法,这种做法往往会使水银柱断开,引起感温泡晶粒变粗、零位变动过限而使温度计报废。

(3) 玻璃管液体温度计的校正

玻璃管液体温度计在进行温度精确测量时要进行校正,校正方法有两种,一种是与标准温度计在同一状况下比较,另一种是利用纯质相变点如冰-水-水蒸气系统校正。

与标准温度计在同一状况下比较校正法:实验室内将待校验的玻璃管液体温度计与标准温度计插入恒温槽中,待恒温槽的温度稳定后,比较被校验温度计与标准温度计的示值。示值误差的校验应采用升温校验,因为对有机液体来说它与毛细管壁有附着力,在降温时,液柱下降会有部分液体停留在毛细管壁上,影响读数的准确性。水银玻璃管温度计在降温时也会因摩擦而发生滞后现象。

如果实验室内无标准温度计可作比较,亦可用冰-水-水蒸气的相变温度来校正温度计。如用水和冰的混合液校正 0 ℃(在 100 mL 烧杯中,装满碎冰和冰块,然后注入蒸馏水至液面达到冰面下 2 cm 处,插入温度计使刻度便于观察或是露出零刻度于冰面之上,搅拌并观察水银柱的改变,待其所指温度恒定时,记录读数,这即是校正过的零度,注意不要使冰块完全熔化),或用水和水蒸气校正 100 ℃(在试管内加入沸石及 10 mL 蒸馏水。调整温度计使其水银球在液面上 3 cm 处。以小火加热,并注意蒸汽在试管壁上冷凝形成一个环,控制火力使该环在水银球上方约 2 cm 处。观察水银柱读数直到温度保持恒定,记录读数,再经过气压校正后即是校正过的 100 ℃)。

2. 热电偶温度计

热电偶温度计是以热电效应为基础,将温度变化转化为热电势变化进行温度测量的仪表。它结构简单,坚固耐用,使用方便,精度高,测量范围宽,便于远距离、多点、集中测量和自动控制,在工业生产和科研领域中应用极为普遍。

(1) 热电偶的测温原理

热电偶测温依据的原理是 1821 年塞贝克发现的热电现象。如果将两根不同材料的金属导线 A 和 B 的两端焊在一起,这样就组成了一个闭合回路。因为两种不同金属自由电子的密度不同,当两种金属接触时,在两种金属的交界处就会因电子密度不同而产生电子扩散,扩散结果为在两金属接触

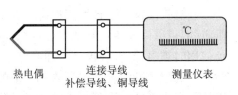

图 3-9 热电偶温度计

面两侧形成静电场,即接触电势差。这种接触电势差仅与两金属的材料和接触点的温度有关,温度越高,金属中的自由电子就越活跃,致使接触处所产生的电场强度增加,接触面电动势也相应增高,由此可制成热电偶测温计。其中,直接用作测量介质温度的一端叫作工作端(也称为测量端),另一端叫作冷端(也称为补偿端)。冷端与显示仪表或配套仪表连接,显示仪表会指出热电偶所产生的热电势。

(2) 常用热电偶的特性

常用热电偶可分为标准热电偶和非标准热电偶两大类。所谓标准热电偶是指国家标准

规定了其热电势与温度的关系、允许误差、并有统一的标准分度表的热电偶,它有与其配套的显示仪表供选用。非标准化热电偶在使用范围或数量级上均不及标准化热电偶,一般也没有统一的分度表,主要用于某些特殊场合的测量。我国从 1988 年 1 月 1 日起,标准化热电偶和热电阻全部按 IEC 国际标准生产,并指定 S,B,E,K,R,J,T,N 八种标准化热电偶为我国统一设计型热电偶。几种常用热电偶的特性数据见表 3-2。使用者可以根据表中列出的数据,选择合适的二次仪表,确定热电偶的使用温度范围。

表 3-2　标准热电偶的主要性能

名　　称	分度号	测温范围 /℃	100 ℃时的热电势/mV	1 000 ℃时的热电势/mV	特　　点
铂铑30[①]-铂铑6	B	50～1 820	0.033	4.834	熔点高,测温上限高,性能稳定,准确度高,100 ℃以下时热电势极小,可不必考虑冷端温度补偿;价格昂贵,热电势小,线性差;只适用于高温区域的测量
铂铑13-铂	R	−50～1 768	0.647	10.506	使用上限较高,准确度高,性能稳定,复现性好;但热电势较小,不能在金属蒸汽和还原性气氛中使用,在高温下连续使用时特性会逐渐变坏,价格昂贵,多用于精密测量
铂铑10-铂	S	−50～1 768	0.646	9.587	优点同上,但性能不如 R 型热电偶;长期以来曾经作为国际温标的法定标准热电偶
镍铬-镍硅	K	−270～1 370	4.096	41.276	热电势大,线性好,稳定性好,价格低廉;但材质较硬,在 1 000 ℃以上长期使用会引起热电势漂移;多用于工业测量
镍铬硅-镍硅	N	−270～1 300	2.744	36.256	是一种新型热电偶,各项性能均比 K 型热电偶好,适用于工业测量
镍铬-铜镍（锰白铜）	E	−270～800	6.319	—	热电势比 K 型热电偶大 50％左右,线性好,耐高湿度,价格低廉,但不能用于还原性气氛,多用于工业测量
铁-铜镍（锰白铜）	J	−210～760	5.269	—	价格低廉,在还原性气体中较稳定,但纯铁易被腐蚀和氧化,多用于工业测量
铜-铜镍（锰白铜）	T	−270～400	4.279	—	价格低廉,加工性能好,离散性小,性能稳定,线性好,准确度高,铜在高温时易被氧化,测温上限低,多用于低温区域测量,可作−200 ℃～0 ℃ 的计量标准

注:① 铂铑30表示该合金含 70％的铂及 30％的铑,以下类推。

（3）热电偶的校验

热电偶的热端在使用过程中,由于氧化、腐蚀、材料再结晶等因素的影响,其热电特性易发生改变,使测量误差越来越大,因此热电偶必须定期进行校验,测出热电势变化的情况,以便对高温氧化产生的误差进行校正。当热电势变化超出规定的误差范围时,应更换热电偶丝,更换后必须重新进行校验才能使用。

3. 热电阻温度计

热电阻温度计是中低温区最常用的一种温度检测器。它的主要特点是测量精度高,性能稳定,信号可以远距离传送和记录。其中铂热电阻的测量精确度是最高的,它不仅广泛应用于工业测温,而且被制成标准的基准仪。热电阻温度计包括金属丝电阻温度计和热敏电阻温度计两种。热电阻温度计的使用温度如表 3-3 所示。

表 3-3 热电阻温度计的使用温度

种　类	使用温度范围/℃	温度系数/℃$^{-1}$
铂电阻温度计	$-200\sim850$	$+0.0039$
镍电阻温度计	$-60\sim180$	$+0.0062$
铜电阻温度计	$-50\sim150$	$+0.0043$
热敏电阻温度计	350 以下	$-0.03\sim-0.06$

(1) 金属丝电阻温度计的工作原理

热电阻温度计是利用金属导体的电阻值随温度变化而改变的特性来进行温度测量的。纯金属及多数合金的电阻率随温度的升高而增加,即具有正的温度系数。在一定温度范围内,电阻与温度的关系是线性的。温度的变化可导致金属导体的电阻发生变化。这样,只要测出电阻值的变化,就可达到测量温度的目的。

由于感温元件占有一定的空间,所以不能像热电偶温度计那样,用来测量"点"的温度,当要求测量任何空间内或表面部分的平均温度时,热电阻温度计用起来非常方便。热电阻温度计的缺点是不能测定高温,因为流过的电流过大时,会发生自热现象而影响准确度。

(2) 热敏电阻温度计

热敏电阻体是在锰、镍、钴、铁、锌、钛、镁等金属的氧化物中分别加入其他化合物制成的。热敏电阻和金属导体的热电阻不同,它是属于半导体,具有负电阻温度系数,其电阻值随温度的升高而减小,随温度的降低而增大。虽然温度升高,粒子的无规则运动加剧,引起自由电子迁移率略为下降,然而自由电子的数目随温度的升高而增加得更快,所以温度升高其电阻值下降。

(3) 热电阻测温系统的组成

热电阻测温系统一般由热电阻、连接导线和显示仪表等组成。组成热电阻测温系统时必须注意以下两点:一是热电阻和显示仪表的分度号必须一致;二是为了消除连接导线电阻变化的影响,必须采用三线制接法。

§3.4 压力、流量、温度、液位等基本物理量的控制

在化工及相关生产过程或某一具体的单元操作中,往往因为客观存在的各种干扰,导致压力、温度、流量和液位等基本物理量会偏离给定值,此时需要对这些基本物理量进行控制,

以使其恒定于某一数值或在某一设定的范围内。因外界干扰的不确定性,以及其变化的不可控、不可预知的特性,因此压力、流量、温度、液位等基本物理量的变化也呈现不可控、不可预知且变化频繁的特性。为保障这些基本物理量的稳定、自动控制系统被引入到各种单元操作过程中,以提高控制的精度、速度以及控制的稳定性。根据所需控制的基本物理量的时间函数特性,自动控制系统分为定植控制系统、程序控制系统和可编程控制系统等。

自动控制系统往往包含测量变送单元、控制器、执行器三个组成部分。其中测量变送单元包含了§3.1、§3.2、§3.3 三个小节所介绍的流量、压力和温度检测仪表,并且要求这些检测仪表能够把实测值转变成可传输的信号,例如电流、电压信号或压力信号,传输至控制器。因此在化工自动控制实例中,常用的温度检测仪表为热电偶温度计和热电阻温度计;常用的压力检测仪表则是压力变送器和差压变送器;而流量的检测仪表中则会选择涡轮流量计。在控制器中,测量变送单元的实测值与被控变量的设定值之间进行比较(差减),即可得到偏差值,偏差值可正可负。控制器以偏差值为基础,根据一定的控制规律(例如位式控制、比例控制、微分控制、比例微分控制、比例微分积分控制等)给出操纵值来驱动执行机构对操纵变量进行控制,从而最终完成对某一具体基本物理量的控制。控制器的类型,以及控制规律和参数的选择,要根据被控变量的类型以及具体的控制要求来进行选择,在此不再赘述。因为存在测量变送和减法差减的反馈机制,自动控制系统也被定义为具有被控变量负反馈的闭环系统。

在自动控制系统中,操纵变量是用来克服干扰对被控变量的影响,实现控制作用的变量。(一般用流体流量作为操纵变量,也可以用电压,电流等物理量)。操纵变量的选择,必须从影响被控变量的诸多因素中选择起支配作用,又可控制的变量作为操纵变量。当操纵变量选定之后,其他所有对被控变量有影响的变量都可认为是干扰因素。从控制质量而言,选择的操纵变量的放大系数要大,而干扰通道的放大系数尽量小。也就是说,选择操纵变量时,我们希望操纵变量的变化能够以较大的放大系数直接或间接地影响被控变量。因为控制响应快速(时间常数小)对多数基本物理量的放大系数大,因此在控制过程中,往往会选择流量作为操纵变量。也就是说在自动控制系统中,往往通过调节某一工艺流体的流量来间接控制温度、压力、液位等等其他基本物理量。而调节流体流量最常使用的方法是依靠节流效应,也就是依靠阀门来调控。因此,在单元操作的自动控制系统中,阀门也成为执行器的主要组成部分。根据控制阀门的驱动力类型,可将执行器分为气动执行器和电动执行器。气动执行器即包含了气动执行机构和控制阀;电动执行器则包含了电动执行机构和控制阀。

虽然在化工原理实验中,用于自动控制的气动或电动执行器也不多,但用于调节流体流量的控制阀则四处可见。根据控制阀的结构,可将控制阀分为直通单座、直通双座、角形阀、三通控制阀、隔膜控制阀、蝶阀、笼式阀和球阀等。根据流体具体的压力、流量、黏度、固体悬浮物等状态需要选择不同的控制阀门。同时,采用自动或手动调节控制流体流量时,还需参考具体控制阀的流量特性。控制阀的流量特性是指被控介质流过阀门的相对流量与阀门的相对开度(相对位移)间的关系,即

$$\frac{Q}{Q_{\max}} = f\left(\frac{l}{L}\right)$$

在不考虑控制阀前后压差变化时得到的流量特性称为理想流量特性。它取决于阀芯的形状即阀的具体结构。图 3-10 给出了可调比 $R=30$ 的控制阀理想流量特性。

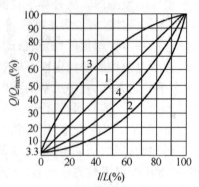

图 3-10 控制阀的理想流量特性（$R = 30$）
1—直线；2—等百分比（对数）；3—快开；4—抛物线

选择控制阀应根据具体的工艺流体的状态，以及对流体流量的控制要求，认真参阅标准控制阀的理想流量特性，来选择适当的控制阀。

参 考 文 献

[1] 厉玉鸣.化工仪表及自动化（第五版）[M].北京:化学工业出版社,2011.
[2] 乐建波.化工仪表及自动化(工艺类专业适用)(第四版)[M].北京:化学工业出版社,2016.

第4章　演示实验

§4.1　雷诺实验

一、实验目的

（1）观察流体在管内流动的两种不同流型。
（2）测定临界雷诺数。

二、实验原理

流体流动有两种不同形态，即层流（滞流）和湍流（紊流）。流体做层流流动时，其流体质点做直线运动，且互相平行；湍流时质点紊乱，流体内部存在径向脉动，但流体的主体向同一方向流动。

雷诺准数是判断流动形态的准数，若流体在圆管内流动，则雷诺准数可用下式表示。

$$Re = \frac{du\rho}{\mu} \qquad\qquad (4-1)$$

式中：Re——雷诺准数，无因次；

　　　d——管的内径，m；

　　　u——流体流速，m/s；

　　　ρ——流体密度，kg/m^3；

　　　μ——流体黏度，Pa·s。

对于一定温度的流体，在特定的圆管内流动时，雷诺准数仅与流体流速有关。本实验通过改变流体在管内的速度，观察在不同雷诺准数下流体流动形态的变化。一般认为 $Re<2\ 000$ 时，流动形态为层流；$Re>4\ 000$ 时，流动形态为湍流；$2\ 000<Re<4\ 000$ 时，流动形态处于过渡区。

三、实验装置与流程

实验装置如图4-1所示。主要有贮水槽、玻璃试验导管、转子流量计以及移动式镜面不锈钢实验台等部分组成。

实验前，先让水充满带溢流装置的贮水槽，打开

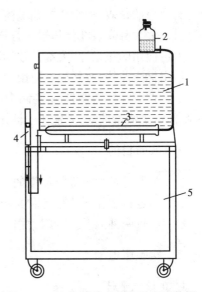

图4-1　流体流动现象演示实验装置
1—贮水槽；2—有色墨水贮瓶；3—试验导管；
4—转子流量计；5—移动式实验台

转子流量计后的调节阀,将系统中的气泡排尽。

示踪剂采用有色墨水,它由有色墨水贮瓶颈连接软管和注射针头,注入试验导管。注射针头位于试验导管入口向里伸 15 cm(设计为可调)处的中心轴位置。

四、演示操作

1. 层流

实验时,先稍稍开启调节阀,将流量从 0 慢慢调大至需要的值,再调节有色墨水贮瓶的注射器开关,排尽管中的气泡并调节开关的大小至适宜位置,使有色墨水的注入流速与实验导管中主体流体水的流速相适应,一般以略低于水的流速为宜。待流动稳定后,记录水的流量。此时,在实验导管的轴线上,就可观察到一条平行的有色细流,好像一根拉直的有色直线一样。

2. 湍流

缓慢的加大调节阀的开度,使水的流量平稳地增大。玻璃导管内的流速也随之平稳增大。可观察到玻璃导管轴线上呈直线流动的有色细流开始发生波动。随着流速的增大,红色细流的波动程度也随之增大,最后断裂成一段段的红色细流。当流速继续增大时,红墨水进入实验导管后,立即呈烟雾状分散在整个导管内,进而迅速与主体水混为一体,使整个管内流体染为一色。

§4.2　流体流量测定与流量计校验

流量的测定在科学研究、工业生产甚至在日常生活中都是十分重要的。流体包括液体(不可压缩流体)和气体(可压缩流体)两类。两者在流量测量的方法和仪表方面有所不同,但也有通用的仪表,如常用的孔板流量计和转子流量计,既可用于液体,也可用于气体。这些测量仪表大都安装在流体输送管道上。

工厂使用的流量计,大都是按标准规范制造的,给出一定的流量系数,按规定公式计算;或者给出标定曲线,照其规定使用就可以了。在实验室,情况就不大相同,一般测量的都是小流量。这时往往需要自己动手制作一些不合标准规范的流量计。制作的流量计必须经过校验,标定出流量曲线,才能用于测定流体流量。

一、实验目的

(1) 掌握一种测定液体流量的直接方法——容量法。
(2) 标定自制孔板流量计和文丘里流量计的流量系数。
(3) 比较两种流量计的阻力损失。

二、实验原理

1. 孔板流量计

孔板流量计的构造原理如图 4-2 所示,在管路中装有一块孔板,孔板两侧接出测压管,分别与 U 形压差计相连接。

孔板流量计利用流体通过锐孔的节流作用,使流速增大,压强减小,造成孔板前后压强差,作为测量的依据。

若管路直径为 d_1,孔板锐孔直径为 d_0;流体流经孔板时由于惯性作用,在孔板后所形成缩脉的直径为 d_2;流体密度为 ρ;U 形压差计指示液的密度为 ρ_i,指示液高度为 R。

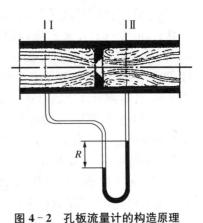

截面积 Ⅰ 处流体的流速和压强分别为 u_1,p_1;截面积 Ⅱ 处(即缩脉处)流体的流速和压强分别为 u_2,p_2。

Ⅰ～Ⅱ间列伯努利方程式:

$$\frac{u_2^2 - u_1^2}{2} = \frac{p_2 - p_1}{\rho} \tag{4-2}$$

图 4-2　孔板流量计的构造原理

而

$$p_1 - p_2 = (\rho_i - \rho)gR \tag{4-3}$$

将式(4-3)代入式(4-2),得

$$\frac{u_2^2 - u_1^2}{2} = \frac{(\rho_i - \rho)gR}{\rho} \tag{4-4}$$

或

$$\sqrt{u_0^2 - u_1^2} = \sqrt{\frac{2(\rho_i - \rho)gR}{\rho}} \tag{4-5}$$

由于缩脉面积和流速无法知道,而孔板锐孔面积是已知的,因此工程上以孔板锐孔处流体的流速 u_0 代替上式中的 u_2。同时,实际流体流过锐孔时有局部阻力损失,况且 U 形压差计的测压点并不一定是最合适的位置。由于这些原因,引入校正系数 C,于是有

$$\sqrt{u_0^2 - u_1^2} = C\sqrt{\frac{2(\rho_i - \rho)gR}{\rho}} \tag{4-6}$$

根据不可压缩流体的连续性方程,有

$$u_1 = u_0 \left(\frac{d_0}{d_1}\right)^2 \tag{4-7}$$

将式(4-7)代入式(4-6),整理后可得

$$u_0 = \frac{C}{\sqrt{1 - \left(\dfrac{d_0}{d_1}\right)^4}} \sqrt{\frac{2(\rho_i - \rho)gR}{\rho}} \tag{4-8}$$

令

$$C_0 = \frac{C}{\sqrt{1 - \left(\dfrac{d_0}{d_1}\right)^4}} \tag{4-9}$$

则

$$u_0 = C_0 \sqrt{\frac{2(\rho_i - \rho)gR}{\rho}} \tag{4-10}$$

故体积流量

$$q_V = C_0 \frac{\pi}{4} d_0^2 \sqrt{\frac{2(\rho_i - \rho)gR}{\rho}} \tag{4-11}$$

C_0 称为孔板流量系数, C_0 的引入在形式上简化了流量的计算式,但实质上并未改变问题的复杂性。C_0 除了与直径比 d_0/d_1 有关外,还与锐孔形状、加工光洁度、孔板厚度、管壁粗糙度、流体性质、流动参数等因素有关。只有在 C_0 能正确确定的情况下,孔板流量计才能真正用来进行流量测定。

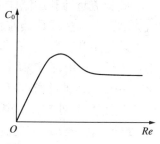

图 4 - 3　C_0 - Re 关系曲线

孔板流量系数 C_0 不能由理论推导得出,只能通过实验求得。实验结果表明,对于测压方式、结构尺寸、加工状况均已规定的特定孔板和管路, C_0 主要取决于管道雷诺数 $Re(Re = d_1 u_1 \rho / \mu)$,即 $C_0 = f(Re)$。典型的 C_0 - Re 关系曲线见图 4 - 3。

由此可见,当雷诺数增大到一定值后, C_0 不随 Re 变化。合适的孔板流量计应设计在该范围内,其 C_0 大约在 $0.6 \sim 0.7$ 之间。

2. 文丘里流量计

实验过程中,若仅仅为了测定流量而引起过多的能耗显然是不合理的,应尽量设法降低能耗。产生能耗的原因在于管径的突然缩小和突然扩大,特别是后者,因此设法使管径逐渐缩小,必然可大大降低阻力的损失,这种流量计就是文丘里流量计,其构造如图 4 - 4 所示。

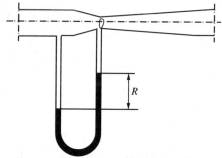

图 4 - 4　文丘里流量计构造原理

扩大管与收缩管接合处,即为管截面积最小处,称为文氏管喉。管喉处的流速应为

$$u_0 = C_V \sqrt{\frac{2(\rho_i - \rho) gR}{\rho}} \qquad (4 - 12)$$

故体积流量

$$q_V = C_V \frac{\pi}{4} d_0^2 \sqrt{\frac{2(\rho_i - \rho) gR}{\rho}} \qquad (4 - 13)$$

式中: C_V —— 文丘里流量计的流量系数;
　　　 d_0 —— 管喉处直径。

流量系数 C_V 具体数值由实验测定。在湍流的情况下, $d_0/d_1 = 0.25 \sim 0.5$ 时, C_V 约为 $0.98 \sim 0.99$。

3. 流量计的局部阻力

流体流过流量计时发生局部阻力损失,其大小可由流量计上下游的能量衡算求出。假如流量计水平安装,且流量计上游(A)、下游(B)的管径相同,则阻力损失

$$h_f = g(Z_A - Z_B) + \frac{u_A^2 - u_B^2}{2} + \frac{p_A - p_B}{\rho} = \frac{p_A - p_B}{\rho} \qquad (4 - 14)$$

A、B 间的压差可用 U 形压差计(注:可称为阻力压差计)测量。假如 U 形压差计指示高度为 R_f,则

$$p_A - p_B = (\rho_i - \rho) gR_f \qquad (4 - 15)$$

将式(4 - 15)代入式(4 - 14),得

$$h_f = \frac{(\rho_i - \rho) gR}{\rho} \qquad (4 - 16)$$

局部阻力损失可用当量长度法或局部阻力系数法表示。局部阻力系数法比较简便,其表达形式为

$$h_f = \xi \frac{u_0^2}{2} \qquad (4-17)$$

ξ 称为局部阻力系数,u_0 表示孔板锐孔处或文丘里管喉处流体的流速。

将式(4-17)代入式(4-16),得

$$\xi = \frac{2(\rho_i - \rho)gR_f}{u_0^2 \rho} \qquad (4-18)$$

三、实验装置和流程

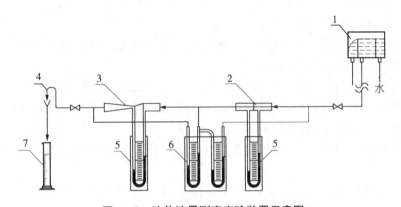

图 4-5　流体流量测定实验装置示意图

1—高位槽;2—孔板流量计;3—文丘里流量计;4—门形管;5—流量压差计;
6—阻力压差计;7—量筒

实验装置如图 4-5 所示,主要部分由高位槽、孔板流量计、文丘里流量计和可转动的门形弯管等串联组合而成。每个流量计除必备的测压管外,还在两侧一定距离处安装压差计,用来测定流量计的局部阻力。

为了保证测量时稳定又准确,流量计两侧要有足够长度的直管,因为管件等所引起的流动骚扰会对孔流系数的测量产生影响。一般流量计上游直管长为 $10d \sim 50d$,下游为 $5d \sim 10d$。

液体流量的标定一般采用称量法和容量法,或用标准流量计进行比较标定。本实验的装置为小型装置,用量筒和秒表计量较为方便。

主要设备的规格见表 4-1。

表 4-1　主要设备情况

序　号	仪器名称	规　格	数　量
1	孔板流量计 d_0	5.1 mm 或 6.8 mm	1 个
2	文丘里流量计 d_0	5.1 mm 或 6.8 mm	1 个
3	直管 d_1	19 mm	
4	量筒	2 000 mL	1 个

续　表

序　号	仪器名称	规　格	数　量
5	烧杯	2 000 mL	1个
6	秒表		1块
7	温度计	0～50 ℃	1支
8	透明三角板	320 mm	1个

四、实验步骤

(1) 检查进水、出水阀门,使它们处于关闭状态,启动水泵。

(2) 慢慢打开进水阀门至全开。

(3) 缓缓打开出水阀门,注意勿使 U 形压差计中的水银冲出,仔细排除 U 形压差计内的气泡。将出水阀门顺时针旋开。

(4) 调节出水阀门,控制一定的流量并达到稳定,读取各压差计示数。

(5) 将转向门形弯管切换到烧杯中,同时启动秒表,达到一定体积后将水再切换至排水槽,记录切换时间并测量烧杯中水的体积。

(6) 改变流量重复上述操作,每次在文丘里流量压差计示数改变 10 mmHg 左右时测取数据。

(7) 先由小流量到大流量测取 7～8 组数据,再由大流量到小流量测取 7～8 组数据。

(8) 测量实验前后水的温度,取算术平均值作为水的定性温度。

(9) 关闭出水阀门后,关进水阀门,使管路中充满水,以便进行下一次实验。关闭水泵。

五、数据记录和处理

1. 设备的基本参数

孔板流量计锐孔孔径: $d_0 =$ _____ mm。

文丘里流量计喉管直径: $d_0 =$ _____ mm。

管道内径: $d_1 =$ _____ mm。

2. 流体性质

实验前水温 _____ ℃;实验后水温 _____ ℃;水的定性温度 _____ ℃。

水的密度 $\rho =$ _____ kg/m³;水的黏度 $\mu =$ _____ Pa·s。

3. 实验数据记录

序　号	流量压差计读数 R/mmHg		阻力压差计读数 R/mmHg		时间/s	体积/mL
	孔板流量计	文丘里流量计	孔板流量计	文丘里流量计		
1						
2						
3						
4						

序 号	流量压差计读数 R/mmHg		阻力压差计读数 R/mmHg		时间/s	体积/mL
	孔板流量计	文丘里流量计	孔板流量计	文丘里流量计		
5						
6						
7						
8						
9						
10						
11						
12						
13						
14						
15						
16						

4. 实验数据处理

序号	体积流量 q_V /(mL/s)	管道流速 u_1 /(m/s)	雷诺数 Re	流量系数		收速口流速 u_0 /(m/s)	阻力损失 h_f/(J/kg)		阻力系数 ξ	
				孔板流量计	文丘里流量计		孔板流量计	文丘里流量计	孔板流量计	文丘里流量计
1										
2										
3										
4										
5										
6										
7										
8										
9										
10										
11										
12										
13										
14										
15										
16										

5.实验结果讨论

(1)绘制 C_0 及 C_V - Re 的关系曲线,从中可以得出什么结论?

(2)根据 ξ 的实验数值,讨论孔板流量计和文丘里流量计的优缺点。

六、思考题

(1)为什么实验装置中在流量计两侧要有足够长度的直管,且操作时调节流量总是调节出水阀门而不是进水阀门?

(2)对于实验室小流量的测定,除本实验采用的直接容量法,你还能提供哪些办法?

§4.3　伯努利方程实验

一、实验目的

(1)加深对能量转化概念的理解。

(2)观察流体流经收缩、扩大管段时,各截面上的静压变化。

二、实验原理

不可压缩的流体在导管中做稳定流动时,由于导管截面的改变致使各截面上的流速不同,而引起相应的静压头变化,其关系可由流动过程中能量衡算方程来描述,即

$$gz_1 + \frac{u_1^2}{2} + \frac{p_1}{\rho} = gz_2 + \frac{u_2^2}{2} + \frac{p_2}{\rho} + \sum h_{f12} \qquad (4-19)$$

式中: gz ——每千克流体具有的位能,J/kg;

$\dfrac{u^2}{2}$ ——表示每千克流体具有的动能,J/kg;

$\dfrac{p}{\rho}$ ——表示每千克流体具有的压势能,J/kg;

$\sum h_{f12}$ ——表示每千克流体在流动过程中的摩擦损失,J/kg。

因此,由于导管截面和位置发生变化引起流速变化,致使部分静压头转化成动压头,它的变化可由各玻璃槽中水柱的高度指示出来。

三、实验装置和流程

实验装置如图 4-6 所示,主要由实验导管、低位贮水槽、循环泵、溢流水槽和侧压管等部分组成。

实验导管为一变径有机玻璃管,沿程分三处设置测量静压头和冲压头的装置。

实验前,先将水充满低位贮水槽,然后关闭实验导管出口调节阀和启动循环水泵,并将水灌满溢流水槽,并保持槽内液面恒定。

实验时,开启调节阀,排尽系统中的气泡。水的流量可由实验导管出口调节阀控制。泵的出口阀控制溢流水域内的溢流流量,以保持槽内液面恒定,使流动体系在整个实验过程中保持稳定流动。

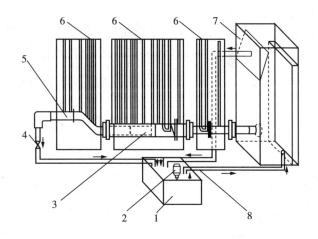

图 4 - 6　伯努利能量转换演示设备流程图

1—贮水器；2—水泵；3—文丘里流量计；4—出口调节阀；5—高位管；6—演示板；
7—高位溢流水槽；8—流量控制阀

四、演示操作

1. 非流动体的机械能分布及其转换

演示时,将泵的出口阀和实验导管出口的调节阀全部关闭,系统内的液体处于静止状态。此时,可观察到实验导管上所有的测压管中的水柱高度都是相同的,且其液面与溢流槽内的液面平齐。

2. 流动体系的机械能分布及其转换

缓慢开启实验导管的出口调节阀,使导管内的水开始流动,各测压管中水柱的高度将随之发生变化。可观察到各截面上各对测压管水柱的高度差随着流量的增大而增大。这说明,当流量增大时,流体流过导管各截面上的流速也随之增大。这就需要更多的静压头转化为动压头,表现为每对测压管的水柱高度差增大。同时,各对测压管的右侧管中水柱的高度随流体流量的增大而下降,这说明流体在流动过程中能量损失与流体流速成正比。流速越大,液体在流动过程中能量损失增大。

§4.4　旋风分离实验

一、实验内容

（1）观察固体尘粒在旋风分离器内的运动路线。
（2）在较大的操作气速下,测定旋风分离器内静压强的分布。
（3）测定分离效果随进口气速的变化规律。

二、实验目的

（1）演示含尘气体通过旋风分离器时含尘气体、固体尘粒和除尘后气体的运动路线,正确理解和描述旋风分离器的工作原理。

（2）测定旋风分离器内静压强的分布，认清出灰口和集尘室密封良好的必要性。

（3）测定进口气速对旋风分离器分离性能的影响，学会计算适宜操作气速的方法。

三、实验原理

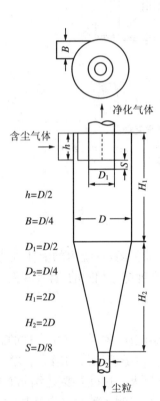

$h = D/2$

$B = D/4$

$D_1 = D/2$

$D_2 = D/4$

$H_1 = 2D$

$H_2 = 2D$

$S = D/8$

图 4-7　标准旋风分离器

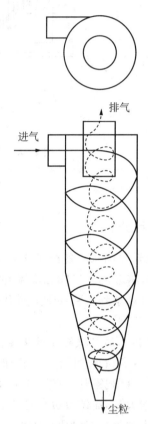

图 4-8　气体在旋风分离器内的运动情况

旋风分离器是利用惯性离心力的作用从气流中分离出固体尘粒的设备。图 4-7 为具有代表性的旋风分离器的结构，称为标准旋风分离器，其主体的上部为圆筒形，下部为圆锥形，各部件的尺寸比例如图所注。含尘气体由圆筒上部的进气管切向进入，受器壁的约束向下做螺旋运动。在惯性离心力的作用下，颗粒被抛向器壁而与气流分离，再沿壁面落至锥底的排灰口。净化后的气体在中心轴附近由下而上做螺旋运动，最后由顶部的排气管排出。图 4-8 描绘了气体在分离器内的运动情况。

四、实验装置与流程

实验装置与流程如图 4-9 所示。

该旋风分离器除进气管外，形式和尺寸比例与标准型旋风分离器相同。为同时兼顾便于加工、流动阻力小和分离效果好三方面的要求，本装置取旋风分离器进气管为圆管，其直径

$$d_i = \frac{1}{2} \times (D - D_1) \qquad (4-20)$$

式中:D——圆筒部分的直径;

$\quad D_1$——排气管的直径。

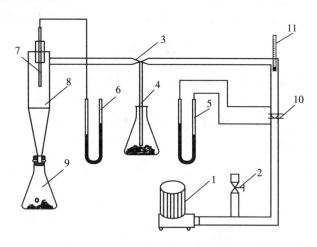

图 4-9 旋风分离器实验装置流程示意图

1—鼓风机(旋涡气泵);2—流量调节阀;3—文丘里管;4—进料管;5—流量测量,用 U 形管压差计;
6—静压测量,用 U 形管压差计;7—静压测量探头;8—旋风分离器;9—集尘器;10—孔板流量计;11—温度计

五、实验操作

(1) 使流量调节阀处于全开状态,接通鼓风机的电源开关,开动鼓风机。

(2) 将实验用的固体尘粒物料(木屑、洗衣粉等)倒入进料管 4,逐渐关小流量调节阀 2,增大通过旋风分离器的风量,观察含尘气体、固体尘粒和除尘后气体的运动路线。

(3) 在分离器圆筒部分的中部,用静压测量探头考察静压强在径向上的分布情况。

(4) 在分离器的轴线上,从气体出口管的上端至出灰管的上端用静压测量探头考察静压强在轴线上的分布情况。

(5) 使静压测量探头紧贴器壁,从圆筒部分的上部至圆锥部分的下端考察静压沿器壁表面从上到下的分布情况。

(6) 实验结束时,先将流量调节阀全开,后切断鼓风机的电源开关。

六、实验注意事项

(1) 开车和停车前,均应先让流量调节阀处于全开状态,后接通或切断鼓风机的电源开关,以免 U 形管内的水被冲出。

(2) 应保证分离器的排灰管与集尘室的连接,以免因内部负压漏入空气而将已分离下来的尘粒重新吹起并被带走。

(3) 实验时,若气体流量较小且固体尘粒比较潮湿,则固体尘粒会沿着向下螺旋运动的轨迹贴附在器壁上。此时,可在大流量下向文丘里管内加入固体尘粒,用从含尘气体中分离出来的高速旋转的新尘粒将原来贴附在器壁上的尘粒冲刷下来。

(4) 实验结束后应从集尘室内取出固体尘粒。

七、思考题

(1) 固体尘粒在旋风分离器内沿径向沉降的过程中,其沉降速度是否为常数?

(2) 离心沉降与重力沉降有何异同?

(3) 评价旋风分离器的主要指标是什么? 影响其性能的因素有哪些?

参 考 文 献

[1] 姚玉英,黄凤廉,陈常贵,柴诚敬.化工原理(上册)[M].天津:天津大学出版社,1999.

[2] 张金利,张建伟,郭翠梨,胡瑞杰.化工原理实验[M].天津:天津大学出版社,2005.

[3] 郑秋霞.化工原理实验[M].北京:中国石化出版社,2007.

第5章　基础实验

§5.1　流体流动阻力的测定

一、实验内容

（1）测定流体在直管中流动时的实际摩擦阻力系数 λ，找出摩擦系数 λ 与雷诺准数 Re 的关系。

（2）测定流体流经某种管件时的局部阻力系数 ζ。

二、实验目的

（1）熟悉流体流动管路测量系统，了解组成管路中各个管件、阀门的作用。

（2）理解流体流过管路系统时阻力损失的测定方法。

（3）测定流体在圆形直管中的阻力损失，根据流体的流动状态，确定摩擦系数 λ 与雷诺准数 Re 的关系。

（4）测定流体流经管件（各种状态的阀门）时的局部阻力损失，确定局部阻力系数 ζ。

（5）掌握压差计和转子流量计的使用方法。

三、实验原理

流体在管路内流动时，由于黏性剪应力的作用，产生摩擦阻力，引起流体损失能量，这种摩擦阻力称为直管摩擦阻力（沿程阻力），用 h_f 表示。此外，流体流经管路中的管件、阀门、截面突然变化处等局部部位时引起的阻力，称为局部阻力，用 h'_f 表示。流体在流动中的总阻力损失为直管阻力与局部阻力之和，$\sum h_f = h_f + h'_f$，习惯上也用压力降来表示：

$$h_f = \frac{\Delta p}{\rho} \tag{5-1}$$

1. 直管摩擦阻力及 λ 的测定

流体在圆管直管中的阻力损失表现在水平均匀管路中的两截面上的压强降低，即

$$h_f = \frac{p_1 - p_2}{\rho} \tag{5-2}$$

影响阻力损失的因素有很多，即 $h_f = f(d, l, \mu, \rho, u, \varepsilon)$。因此常采用因次分析法，将 $h_f = \Delta p = f(d, l, \mu, \rho, u, \varepsilon)$ 组合成无因次式：

$$\frac{\Delta p}{\rho u^2} = f\left(\frac{du\rho}{\mu}, \frac{l}{d}, \frac{\varepsilon}{d}\right) \tag{5-3}$$

化简式(5-3)，得

$$\frac{\Delta p}{\rho} = \frac{l}{d} f\left(Re, \frac{\varepsilon}{d}\right) \cdot \frac{u^2}{2} \tag{5-4}$$

令

$$\lambda = f\left(\frac{du\rho}{\mu}, \frac{\varepsilon}{d}\right) = f\left(Re, \frac{\varepsilon}{d}\right) \tag{5-5}$$

则式(5-4)为

$$h_f = \frac{\Delta p}{\rho} = \lambda \cdot \frac{l}{d} \cdot \frac{u^2}{2} \tag{5-6}$$

即

$$\lambda = \frac{2\Delta p d}{l u^2 \rho} \tag{5-7}$$

式中：λ—— 摩擦系数，无因次；

　　　l —— 管的长度，m；

　　　d —— 管的内径，m；

　　　u —— 流体的平均流速，m/s；

　　　Δp—— 压力降，Pa；

　　　ρ—— 流体的密度，kg/m³。

管路系统使用压差计测量阻力损失时，可忽略空气的密度，应用伯努利方程，计算压力降为

$$\Delta p = p_1 - p_2 = \rho g \Delta R \tag{5-8}$$

则

$$\lambda = \frac{2dgh}{l u^2} \tag{5-9}$$

计算理论 λ 时，需根据流体的流动形态分别讨论。流体做层流流动时，阻力损失是由流体层之间的黏性剪应力引起的，可以通过理论公式推导得出

$$\lambda = \frac{64}{Re} \tag{5-10}$$

流体做湍流流动时，影响因素较多，不能完全用理论方法求解，λ 只能采用因次分析方法将各变量组合成准数关联式，表示为

$$\lambda = f\left(Re, \frac{\varepsilon}{d}\right) \tag{5-11}$$

即 λ 是雷诺系数 Re 和相对粗糙度 $\dfrac{\varepsilon}{d}$ 的函数，需由实验确定。

2. 局部阻力及 ζ 的测定

局部阻力通常可用阻力系数法和当量长度法来表示。

(1) 阻力系数法

将阻力表示为动能的函数，流体通过管件或阀门时的阻力损失可以计为

$$h'_f = \zeta \frac{u^2}{2} \tag{5-12}$$

式中：ζ—— 局部阻力系数，无因次；

　　　u —— 在小截面管中流体的平均流速，m/s。

忽略管件两侧距测压孔间的直管所引起的摩擦阻力损失,即

$$h'_f = \frac{p_1 - p_2}{\rho} = g\Delta R' \tag{5-13}$$

则

$$\zeta = \frac{2g\Delta R'}{u^2} \tag{5-14}$$

(2) 当量长度法

流体流过某管件或阀门时,因局部阻力造成的损失,相当于流体流过与其具有相当管径长度的直管阻力损失,这个直管长度称为当量长度,用符号 l_e 表示。这样,就可以用直管阻力的公式来计算局部阻力损失,即

$$h'_f = \lambda \frac{l_e}{d} \frac{u^2}{2} \tag{5-15}$$

式中:λ—— 摩擦系数,无因次;

l_e —— 管件或阀门的当量长度,m;

d —— 管的内径,m;

u—— 流体的平均流速,m/s。

有时也将管路中的当量长度与管件阀门的当量长度合并在一起计算,则流体在管路中流动时的总阻力损失 $\sum h_f$ 为

$$\sum h_f = h_f + h'_f = \lambda \frac{l + \sum l_e}{d} \frac{u^2}{2} \tag{5-16}$$

四、实验装置图

本实验的装置如图 5-1 所示,主要由循环水槽、不同材质的管子、各种阀门和管件、转子流量计等组成。第一根管为不锈钢光滑管,第二根管为镀锌铁管,这两根管分别用于测定

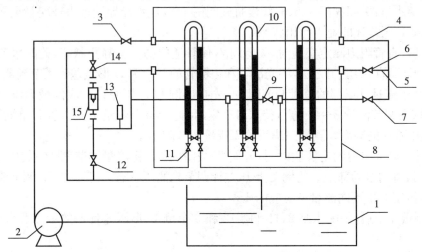

图 5-1 流体流动阻力测定实验的装置图
1—水槽;2—水泵;3—进水阀;4—光滑管;5—粗糙管;6,7,12—球阀;8—测压导管;9—闸阀;
10—倒 U 形压差计;11—考克;13—温度计;14—流量调节阀;15—转子流量计

光滑管和粗糙管中湍流流体流动阻力,第三根管为不锈钢管,装有待测闸阀,用于局部阻力的测定。直管段和闸阀的阻力分别用各自的倒U形差压计(图5-2所示)来测量,水的流量由装置尾部的转子流量计来测量。

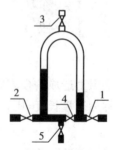

图5-2   倒U形管差压计示意图
1—低压侧阀门;2—高压侧阀门;3—进气阀;4—平衡阀;5—排水阀

五、实验操作

(1)根据循环水的流动过程,熟悉实验测定装置系统。

(2)向水槽1中放水,使水位超过水泵出水口高度,并保证足够的水量(水面位于水槽2/3处左右),完成测定实验。

(3)总管路排气,打开阀3,6,7,9,12,14,打开水泵2,使水流过整个管路系统,排尽管道中的空气,然后关闭阀12,14。

(4)差压计排气及使用(装置图见图5-2所示)。

① 差压计装置排气:关闭进气阀3、排水阀5及平衡阀4,打开低压侧阀门1、高压侧阀门2,使循环水经压差计的导压管、阀2、倒U形管、阀1排出系统。

② 差压计吸入空气:差压计排空气泡后关闭阀门1、2,打开阀门4、5、3,使玻璃管内的水排净并吸入空气。

③ 平衡水位:关闭阀门4、5、3,缓慢打开阀门1、2,让水经导管进入玻璃管至平衡水位,关闭平衡阀4,压差计即处于待用状态。

(5)进行直管阻力测定实验时,关闭阀7,使管道中的水呈静止状态,此时水流量为零。按照倒U形压差计的使用方法,将光滑管和粗糙管的两个倒U形压差计调节到测量压差状态。打开转子流量计尾部的流量调节阀14,先找出倒U形压差计对应的最大流量,再从最大值向下依次调节流量8~9个点,待水量稳定后,记录每个流量下光滑管和粗糙管所对应的倒U形压差计的刻度。测量完毕后关闭流量调节阀14。

(6)进行局部阻力测定实验时,打开阀7,关闭阀6。将流量调节阀14关闭,系统中水流量为零时,将测量局部阻力的倒U形压差计调节到测压状态。打开阀14,调节流量,待水流稳定后,测定3个不同流量下对应的压差。

(7)测量完毕后,关闭水泵2,打开阀12和3个倒U形压差计上的考克及水槽出水阀排水,以防生锈。

六、实验注意事项

(1)测定直管阻力损失时,一定要关闭局部阻力管路上的球阀。

(2) 开关各阀门时，一定要缓慢，切忌用力过猛、过大。

(3) 每调节一个测定流量，必须等待一段时间，待管路中水流稳定后才可读数。

七、实验数据处理与分析要求

1. 数据记录表

序号	流量 /(m³/h)	直管阻力倒 U 形压差计液柱高度 /cmH₂O						局部阻力 倒 U 形压差计液柱高度 /cmH₂O		
		光滑管			粗糙管					
		R_1	R_2	ΔR	R_1	R_2	ΔR	R_1	R_2	ΔR
1										
2										
3										
4										

2. 数据处理和分析要求

(1) 根据直管阻力实验结果，在双对数坐标纸上标绘出光滑管和粗糙管的 $\lambda - Re$ 曲线。

(2) 对照粗糙管摩擦系数的经验公式，确定管路的相对粗糙度和绝对粗糙度。

(3) 根据局部阻力实验结果，求出管件（阀门）的平均 ζ 值。

(4) 对实验结果进行分析讨论，论述其在工程中的意义。

八、思考题

(1) 调节倒 U 形压差计到工作状态时，是否一定要关闭流程尾部的流量调节阀？为什么？

(2) 倒 U 形压差计上平衡阀的作用是什么？测定过程中平衡阀应调节到什么状态？为什么？

(3) 在测量前为什么要将设备中的气体排除干净？如何检验测试系统内的空气是否已经排除干净？

(4) 直管阻力测定中，如何确定管路的最大流量？

(5) 以水为介质所测得的 $\lambda - Re$ 关系是否适用于其他流体？如何应用？

(6) 压差计的测压口、孔边缘有毛刺或安装不垂直，对静压的测量有何影响？

九、实验数据记录及数据处理结果示例

十、参考文献

[1] 夏清，陈常贵.化工原理[M].天津：天津大学出版社，2005.

[2] 李凤华，于士君.化工原理[M].大连：大连理工大学出版社，2004.

[3] 冯晖，居沈贵，夏毅.化工原理实验[M].南京：东南大学出版社，2003.

[4] 陈同芸等.化工原理实验[M].上海：华东理工大学出版社，1989.

[5] 王正平，陈兴娟.化学工程与工艺实验技术[M].哈尔滨：哈尔滨工程大学出版社，2005.

§5.2　离心泵性能特性曲线测定实验

一、实验目的

（1）了解离心泵结构与特性，学会离心泵的操作。

（2）测定恒定转速条件下离心泵的有效扬程（H）、轴功率（N）以及总效率（η）与有效流量（V）之间的曲线关系。

（3）测定改变转速条件下离心泵的有效扬程（H）、轴功率（N）以及总效率（η）与有效流量（V）之间的曲线关系。

（4）测定串联、并联条件下离心泵的有效扬程（H）、轴功率（N）以及总效率（η）与有效流量（V）之间的曲线关系。

（5）掌握离心泵流量调节的方法（阀门、转速和泵组合方式）和涡轮流量传感器及智能流量积算仪的工作原理和使用方法。

（6）了解轴功率的两种测量方法：马达天平法和扭矩法。

二、基本原理

离心泵是包括化学工业在内的多种工业领域中最广泛使用的流体传输设备，具有价格低廉、维护费用低、流量稳定、占地面积小等优点。离心泵的种类多样，不但尺寸变化较大，而且其工作能力也可在较大的范围内变化：流量从 0.5 m³/h 到 2×10^4 m³/h，静压头（discharge head）则可从几米到几千米。针对不同的使用场合和工艺参数，需要选择适用的离心泵，而离心泵的特性曲线是选择和使用离心泵的重要依据之一，其特性曲线是在恒定转速下扬程 H、轴功率 N 及效率 η 与流量 V 之间的关系曲线，它是流体在泵内流动规律的外部表现形式。由于泵内部的流动情况复杂，不能用数学方法推算出这些特性曲线，只能依靠实验测定。

1. 流量 V 的测定与计算

采用涡轮流量计测量流量，智能流量积算仪显示流量值 V（m³/h）。

2. 扬程 H 的测定与计算

在泵进、出口取截面列伯努利方程：

$$H = \frac{p_2 - p_1}{\rho g} + Z_2 - Z_1 + \frac{u_2^2 - u_1^2}{2g} \tag{5-17}$$

式中：p_1，p_2——泵进、出口的压强，N/m²；

　　　ρ——液体密度，kg/m³；

　　　u_1，u_2——分别为泵进、出口的流量，m/s；

　　　g——重力加速度，m/s²。

当泵进、出口管径一样，且压力表和真空表安装在同一高度时，上式可简化为

$$H = \frac{p_2 - p_1}{\rho g} \tag{5-18}$$

由式（5-18）可知，只要直接读出真空表和压力表上的数值，就可以计算出泵的扬程。

本实验还采用压力传感器来测量泵进、出口的真空度和压力。

3. 轴功率 N 的测量与计算

轴功率可按下式进行计算：

$$N = M\omega = M \times \frac{2\pi n}{60} = 9.81 m\,l\,\frac{2\pi n}{60} \tag{5-19}$$

式中：N——泵的轴功率，W；

　　　M——泵的转矩，N·m；

　　　ω——泵的旋转角速度，1/s；

　　　n——泵的转速，r/min；

　　　m——测功臂上所加砝码的质量，kg；

　　　l——测功臂长，m；$l = 0.486\,7$ m（马达天平法）；$l' = 0.386\,7$ m（扭矩法）。

由式(5-19)可知，要测定泵的轴功率，需要同时测定泵轴的转矩 M 和转速 n，泵轴的转矩采用马达天平法或扭矩法测量，或由功率表直接读出。泵轴的转速由 XJP-20A 数值式转速表直接读出。

4. 效率 η 的计算

泵的效率 η 为泵的有效功率 N_e 与轴功率 N 的比值。有效功率 N_e 是流体单位时间内自泵得到的功，轴功率 N 是单位时间内泵从电机得到的功，两者之间的差异反映了水力损失、容积损失和机械损失的大小。

泵的有效功率 N_e 可用下式计算：

$$N_e = HV\rho g \tag{5-20}$$

故

$$\eta = \frac{N_e}{N} = \frac{HV\rho g}{N} \tag{5-21}$$

5. 转速改变时的换算

泵的特性曲线是在指定转速下的数据，就是说在某一特性曲线上的一切实验点，其转速都是相同的。但是，感应电动机在转矩改变时，其转速会有变化，这样随着流量的变化，多个实验点的转速将有所差异，因此在绘制特性曲线之前，需将实测数据换算为平均转速下的数据。换算关系如下：

$$流量\ V' = V\frac{n'}{n} \tag{5-22}$$

$$扬程\ H' = H\left(\frac{n'}{n}\right)^2 \tag{5-23}$$

$$功率\ H' = H\left(\frac{n'}{n}\right)^3 \tag{5-24}$$

效率

$$\eta' = \frac{V'H'\rho g}{N'} = \frac{VH\rho g}{N} = \eta \tag{5-25}$$

此外，本实验装置安装了变频器，以改变离心泵的转速，实现测定变转速时离心泵的性能特性曲线的目的。本实验装置还设计安装了用于两台离心泵的串联和并联操作的阀门，以实现离心泵的串联和并联操作。

三、实验装置流程图

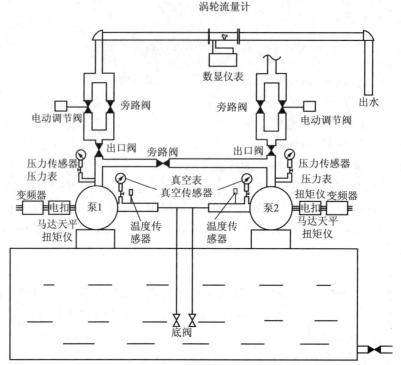

图5-2　离心泵性能特性曲线测定系统装置的工艺控制流程图

离心泵性能特性曲线测定系统装置的工艺控制流程图和离心泵性能特性曲线测定实验的控柜面板图如图5-2和图5-3所示。

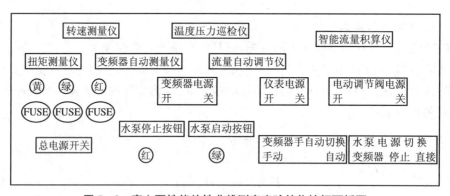

图5-3　离心泵性能特性曲线测定实验的仪控柜面板图

四、实验步骤及注意事项

1. 实验步骤

(1) 仪表上电:打开总电源开关,打开仪表电源开关;打开三相空气开关,把离心泵电源转换开关旋到直接位置,即由电源直接启动,这时离心泵的停止按钮灯亮。

(2) 打开离心泵出口阀门,打开离心泵灌水阀,对水泵进行灌水,注意在打开灌水阀时要慢慢打开,不要开得太大,否则会损坏真空表。灌好水后关闭泵的出口阀与灌水阀门。

（3）检查扭矩传感器的挂绳有没有脱离水泵（如没有脱离,一定要让挂绳脱离水泵,否则会拉坏扭矩传感器）。

（4）实验软件的开启:打开"离心泵性能特性曲线测定实验.MCG"组态文件,出现提示输入工程密码对话框,输入密码"1121"后,进入组态环境,按"F5"键进入软件运行环境。按提示输入班级、姓名、学号、装置号后,按"确定"进入"离心泵性能特性曲线的测定实验软件"界面,点击"恒定转速下的离心泵性能特性曲线的测定"按钮,进入实验界面。

（5）当一切准备就绪后,按下离心泵启动按钮,启动离心泵,这时离心泵的启动按钮绿灯亮。启动离心泵后把出水阀开到最大,开始进行离心泵实验。

（6）流量调节。

手动调节:通过泵出口闸阀调节流量。

自动调节:通过图 5-3 所示仪控柜面板中流量自动调节仪表来调节电动调节阀的开度,以实现流量的手动或自动控制。

① 仪表的手动调节:在仪表面板上进行,按照万迅仪表说明书第 20 页的操作方式将仪表调到手动操作模式,按上、下键（∧、∨）调节输出信号的增大或减小,来控制调节阀开度的增大或减小,达到调节流量的目的。

② 仪表的自动调节:在"恒定转速下的离心泵性能特性曲线的测定"实验界面中,单击"手动调节"中按钮,进入自动调节状态,直接单击"设定输出"按钮,输入调节阀的开度值即可自动由调节阀控制流量。

（7）手动调节实验方法:调节出口闸阀开度,使阀门全开。等流量稳定时,在马达天平上添加砝码使平衡臂与准星对准,读取砝码重量 m。在仪表台上读出电机转速 n、流量 V、水温 T、真空表读数 p_1 和出口压力表读数 p_2,并记录。关小阀门,减小流量,重复以上操作,测得另一流量下对应的各个数据,一般重复 8～9 个点为宜。

（8）自动调节实验做法:关闭流量手动调节阀门,打开电动调节阀前面的阀门,打开电动调节阀电源开关,给电动调节阀上电。流量自动调节仪的使用方法如下。

① 仪表手动调节:在仪表手动状态下按向上键（∧）增大输出到最大,使调节阀开到最大;等流量稳定后,把扭矩传感器的挂钩挂在电机力臂上,旋转下面的圆盘,使平衡臂对准准星。当数据稳定后,按下软件中"数据采集"按钮采集数据。采集完数据,把扭矩传感器的挂钩卸下。用向下键（∨）减小流量,在不同流量下分别按下"数据采集"按钮采集数据。

② 仪表自动调节:在软件界面中单击"手动调节中"按钮,进入自动调节状态（"自动调节中"）,单击"设置输出"按钮,输入 100,把调节阀开到最大。等流量稳定后,把扭矩传感器的挂钩挂在电机平衡臂上,旋转下面的圆盘,使平衡臂对准准星。等数据稳定后,按下软件的"数据采集"按钮采集数据。采集完数据,把扭矩传感器的挂钩取下。改变设置输出的大小,改变不同的流量,采集不同流量下的数据。

（9）实验完毕,一定先把扭矩传感器的挂钩取下,让挂钩与力臂脱离,按下仪表台上的"水泵停止"按钮,停止水泵的运转。关闭水泵出口阀,单击"退出实验"。回到"离心泵性能特性测定实验软件"界面,再单击"退出实验"按钮退出实验系统。

（10）如果要改变离心泵的转速,测定另一转速下的性能特性曲线,则可以用变频器来调节离心泵的转速,其余步骤同步骤（2）～（9）。

（11）如果要测定离心泵的串联或并联的组合性能特性曲线，可以通过管路上的阀门把两台泵组合为串联或并联，其余步骤同步骤(2)～(9)。

（12）关闭以前打开的所有设备电源。

2. 注意事项

（1）实验开始时，灌泵用的进水阀门开度要小，以防进水压力过大损坏真空表。

（2）在实验开始时扭矩传感仪钩子要取下，在测数据时再装上，每测量一组数据后立刻取下，当测下一组数据时再装上。

五、实验数据处理及分析要求

1. 原始数据记录表

表 5－1　原始数据记录

实验次数	流量/(m³/h)	$p_{真空表}$	$p_{压力表}$	转速 r/min	扭矩质量/kg
1					
2					
3					
4					
...					

2. 数据处理及分析要求

（1）在同一张坐标纸上描绘一定转速下的 $H-V, N-V, \eta-V$ 曲线。

（2）分析实验结果，判断泵较为适宜的工作范围。

六、思考题

（1）试从所测实验数据分析，离心泵在启动时为什么要关闭出口阀门？

（2）启动离心泵之前为什么要引水灌泵？如果灌泵后依然启动不起来，你认为可能的原因是什么？

（3）为什么用泵的出口阀门调节流量？这种方法有什么优缺点？是否还有其他方法调节流量？

（4）泵启动后，出口阀如果打不开，压力表读数是否会逐渐上升？为什么？

（5）在正常工作的离心泵的进口管路上安装阀门是否合理？为什么？

（6）试分析，用清水泵输送密度为 1 200 kg/m³ 的盐水（忽略密度的影响），在相同流量下你认为泵的压力是否变化？轴功率是否变化？

七、实验数据记录及数据处理结果示例

§5.3 恒压过滤常数的测定

一、实验内容

(1) 测定料浆在特定过滤介质及一定压差条件下的过滤常数 K, q_e, τ_e。
(2) 通过改变过滤实验的压差,测定滤饼的压缩性指数 S。

二、实验目的

(1) 熟悉板框压滤机的构造和操作方法。
(2) 通过恒压过滤实验,验证过滤基本理论。
(3) 学会测定过滤常数 K, q_e, τ_e 及压缩性指数 S 的方法。
(4) 了解操作压力对过滤速率的影响。
(5) 掌握化工原理实验软件库(组态软件 MCGS 和 VB 实验数据处理软件系统)的使用。

三、实验原理

过滤是以某种多孔物质作为介质来处理悬浮液的操作。在外力作用下,悬浮液中的液体通过介质的孔道而固体颗粒被截留下来,从而实现固液分离。因此过滤操作的本质是流体通过固体颗粒床层的流动,所不同的是这个固体颗粒层的厚度随着过滤过程的进行不断增加,故在恒压过滤操作中,其过滤速率不断降低。

影响过滤速度的主要因素除压强差 Δp、滤饼厚度 L 外,还有滤饼和悬浮液的性质、悬浮液的温度、过滤介质的阻力等,故难以用严格的流体力学方法处理。

比较过滤过程与流体经过固定床的流动可知:过滤速率即为流体通过固定床的表现速率 u。同时,流体在细小颗粒构成的滤饼空隙中的流动属于低雷诺数范围。因此,可利用流体通过固定床压降的简化模型,寻求滤液量与时间的关系,运用层流时康采尼公式不难推导出过滤速率计算式为

$$u = \frac{1}{K'} \frac{\varepsilon^3}{a^2 (1-\varepsilon)^2} \cdot \frac{\Delta p}{\mu L} \qquad (5-26)$$

式中:u —— 过滤速率,m/s;

K' —— 康采尼常数,层流时,$K' = 5.0$;

ε —— 床层的空隙率,m^3/m^3;

a —— 颗粒的比表面积,m^2/m^3;

Δp —— 过滤的压强差,Pa;

μ —— 滤液的黏度,Pa·s;

L —— 床层厚度,m。

由此可导出过滤基本方程式为

$$\frac{dV}{d\tau} = \frac{A^2 \Delta p^{1-s}}{\mu r' v (V + V_e)} \qquad (5-27)$$

式中:V—— 滤液体积,m^3;

τ —— 过滤时间,s;

A —— 过滤面积,m^2;

S —— 滤饼压缩性指数,无因次,一般情况下 $S = 0 \sim 1$,不可压缩滤饼 $S = 0$;

r —— 滤饼比阻,$1/m^2$,$r = \dfrac{5.0a^2(1-\varepsilon^2)}{\varepsilon^3}$;

r' —— 单位压差下的比阻,$1/m^2$,$r = r'\Delta p^s$;

v —— 滤饼体积与相应滤液体积之比,无因次;

V_e —— 虚拟滤液体积,m^3。

恒压过滤时,令 $k = 1/\mu\, r'v$,$K = 2k\Delta p^{(1-s)}$,$q = V/A$,$q_e = V_e/A$,对上式积分可得

$$\int_0^V (V + V_e)\mathrm{d}V = \frac{1}{2}KA^2 \int_0^\tau \mathrm{d}\tau \Rightarrow \frac{1}{2}V^2 + VV_e = \frac{1}{2}KA^2\tau$$

$$\Rightarrow V^2 + 2VV_e = KA^2\tau \Rightarrow q^2 + 2qq_e = K\tau \Rightarrow (q + q_e)^2 = K(\tau + \tau_e) \quad (5-28)$$

式中:q —— 单位过滤面积的滤液体积,m^3/m^2;

q_e —— 单位过滤面积的虚拟滤液体积,m^3/m^2;

τ_e —— 虚拟过滤时间,s;

K —— 滤饼常数,由物料特性及过滤压差所决定,m^2/s。

K,q_e,τ_e 三者总称为过滤常数。利用恒压过滤方程进行计算时,首先需要知道 K,q_e,τ_e,而它们只有通过实验才能确定。

对 $q^2 + 2qq_e = K\tau$ 微分可得

$$\frac{\mathrm{d}\tau}{\mathrm{d}q} = \frac{2}{K}q + \frac{2}{K}q_e \quad (5-29)$$

该式表明以 $\mathrm{d}\tau/\mathrm{d}q$ 为纵坐标,以 q 为横坐标作图可得一直线,直线斜率为 $\dfrac{2}{K}$,截距为 $\dfrac{2q_e}{K}$。

在实验测定中,为了便于计算,用 $\Delta\tau/\Delta q$ 代替 $\mathrm{d}\tau/\mathrm{d}q$,则式(2-29)可改写为

$$\frac{\Delta\tau}{\Delta q} = \frac{2}{K}q + \frac{2}{K}q_e \quad (5-30)$$

在恒压条件下,用秒表和量筒分别测定一系列时间间隔及对应的滤液体积,由此算出一系列 $q = V/A$,在直角坐标系中绘制 $\dfrac{\Delta\tau}{\Delta q} - q$ 的函数关系,得一直线。由直线的斜率便可求出 K 和 q_e,再根据 $q_e^2 = K\tau_e$,求出 τ_e。这样得到的 K,q_e,τ_e 便是料浆在特定过滤介质及压差条件下的过滤常数。

改变实验所用的过滤压差 Δp,可测得不同的 K,对 K 的定义式两边取对数得

$$\lg K = (1 - S)\lg(\Delta p) + \lg(2k) \quad (5-31)$$

在实验压差范围内,若 k 为常数,则 $\lg K$ 与 $\lg(\Delta p)$ 的关系在直角坐标上应是一条直线,直线的斜率为 $(1-S)$,由此可得滤饼压缩性指数 S。

四、实验装置与流程

本实验现有板框式和单板式两种实验装置。

（1）板框式实验装置

板框式实验装置由空气压缩机、配料槽、压力料槽、板框过滤机和压力定值调节阀等组成，其实验流程如图 5-5 所示。

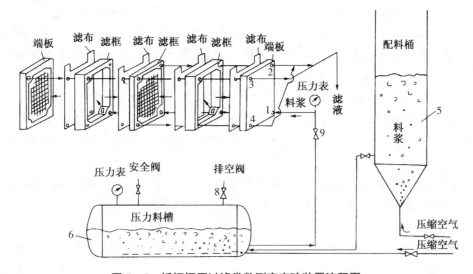

图 5-5　板框恒压过滤常数测定实验装置流程图

1—进料通道；2—出料通道；3—出料通道；4—出料通道；5—配料罐；
6—压力料槽；7—阀门；8—排空阀；9—阀门

将 $CaCO_3$ 的悬浮液在配料桶内配制成一定浓度后利用位差送入压力料槽中，用压缩空气加以搅拌使 $CaCO_3$ 不致沉降，同时利用压缩空气的压力将滤浆送入板框过滤机过滤，滤液流入量筒或由自动测量仪计量，压缩空气从压力料槽上的排空阀中排出。

板框压滤机结构尺寸：框厚度 25 mm，每个框的过滤面积 0.024 m²，框数 2 个。

空气压缩机规格型号：排气量 0.06 m³/min，最大气压 0.8 MPa。

（2）单板式实验装置

单板式实验装置由配料槽、泵、单板过滤器、计量桶和压力定值调节阀组等组成，其实验流程如图 5-6 所示。

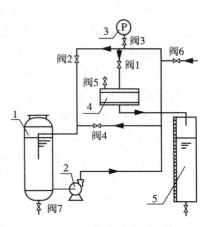

**图 5-6　单板恒压过滤常数
测定实验装置流程图**

1—配料桶；2—泵；3—压力表；
4—过滤器；5—计量桶
阀 1—物料阀；阀 2—压力调节阀；
阀 3—压力表阀；阀 4—物料循环阀；
阀 5—放气阀；阀 6—洗涤水阀

五、实验操作

1. 板框式实验装置的操作

（1）数据手动采集

① 在配料桶内配制含 $CaCO_3$ 2%～15%（质量分数）

的水悬浮液,碳酸钙事先由天平称重。配置时,将配料罐底部阀门关闭。

② 开启空压机,将压缩空气通入配料桶,使$CaCO_3$悬浮液搅拌均匀。搅拌时,应将配料罐的顶盖合上。

③ 正确装好滤板、滤框及滤布。滤布使用前用水浸湿,滤布要紧贴滤板绷紧,不能起皱。

④ 在压力料槽排空阀 8 打开的情况下,打开阀门 7,使料浆自动进入压力料槽,观察视镜至液面上升至 1/2～2/3 处,关闭阀门 7。

⑤ 依靠调节通至料浆槽及压力料槽的两个压缩空气阀门的相对开启度来调节压力料槽的压力到需要的值。一旦调定压力,进气阀就不能再动。压力的细调可通过调节压力料槽上的排气阀完成。每次实验时,应调节压力并保持恒压。从低压过滤实验开始较好,要考虑各个压力值的分布,最大压力不要超过 0.3 MPa。

⑥ 每次实验应在滤液从汇集管刚流出的时刻作为开始时刻,每次 ΔV 取 800 mL 左右,记录相应的过滤时间 $\Delta \tau$,要熟练双秒表轮流读数的方法。量筒交替接液时不要流失滤液,等量筒内滤液静止后读出 ΔV 和记录 $\Delta \tau$。每个压差条件下,测量 8～10 个读数即可停止实验。

⑦ 实验完毕后要卸下滤布、滤板及滤框并进行清洗,滤布不要折,应用刷子刷。

⑧ 全部实验结束后关闭空气压缩机电源和总电源开关。

(2) 数据自动采集

开启电脑,打开化工原理实验数据库下的"数字化恒压过滤测控系统.exe",确定,填好学生或者老师的信息以便查询实验数据,然后"确认",单击进入软件。打开"恒压过滤常数测定实验",进入后先按"F3"进入 MCGS 测控系统,再按"F5"进入运行环境,填写使用者信息,点击"确定",进入实时监控软件。

待达到实验条件要求后,点"开始实验"。每次 $\Delta \tau$ 取 20 s 左右,记录相应过滤时间的 ΔV,计算机会自动读出 ΔV,并记录 $\Delta \tau$,测量 8～10 个读数即可停止实验,要按照低、中、高压差的顺序进行恒压过滤实验。

结束实验,点击"退出实验",关闭 MCGS 组态环境,回到"化工原理实验测控系统",在文件菜单下打开原始数据,在计算与分析菜单下得到计算结果列表和图形显示。

2. 单板式实验装置的操作

(1) 将已配好的轻质碳酸钙悬浮液(比重约为 8.0B°)倒入配料桶,安装好过滤器,安装次序为由下至上,底座、滤板、滤布、框(凹面在下)、分布板、盖板,随后对角拧紧螺栓。

(2) 在计量桶中倒入一定量的清水,使滤液在计量桶中有读数,记下高度 h_0,以便确定测量基准。关闭阀 1、阀 2、阀 3、阀 6、全开阀 4,接通电源,启动泵,物料循环搅拌均匀。

(3) 系统循环 5 min 后,关闭阀 4,阀 1、阀 3 全开,通过阀 2 调节压力,同时打开过滤器的阀 5 进行排气。另一人两手各执一只秒表,在有第一滴滤液滴出时,迅速启动一个秒表,待操作压力显示恒定时,再双手同时摁下两只秒表,这时一个秒表走,另一个秒表停,并记下摁秒表时对应的滤液高度,这时所得的数据为恒压开始操作时的时间 τ_1 和 h_1,经处理后可得 q_1。

(4) 在恒压条件下,每上升 2 cm,交替启动、停止两只秒表,计时,测量 10 个读数即可停止实验。

(5) 打开放气阀,先给过滤器放压,然后再拆卸过滤器,洗涤过滤器。

（6）重复上述操作，依次做低压、中压和高压过滤实验。

（7）实验结束，回收滤饼和配料桶中剩余的悬浮液，用清水循环，洗涤泵和管路系统，切断电源。

六、实验注意事项

1. 板框式实验装置

（1）安装滤板、滤框并用螺旋压紧时，应先慢慢转动手轮使板框合上，然后再压紧，注意不要把手指压伤。

（2）要注意滤板、滤框的放置方向及顺序。

（3）手动采集数据时，ΔV 约为 800 mL 时要替换量筒，这时量筒内滤液量可能并非正好是 800 mL，应事先熟悉量筒刻度。量筒交替接液时不能流失滤液，注意不要打碎量筒。

（4）每次操作完毕后滤液及滤饼均收集在小桶内，将滤饼弄细后一起重新倒入料浆桶内再次利用。

2. 单板式实验装置

（1）滤饼、滤液要全部回收到配料筒内。

（2）安装过滤器时，要注意滤板、滤布、框、分布板的安装顺序，不能装反。

七、实验数据处理及分析要求

1. 板框式实验装置

（1）恒压过滤常数测定实验原始数据记录表

序号	过滤压差 ($\Delta p_1 =$ 　　 kPa)		过滤压差 ($\Delta P_2 =$ 　　 kPa)		过滤压差 ($\Delta P_3 =$ 　　 kPa)	
	过滤时间 /s	滤液量 /mL	过滤时间 /s	滤液量 /mL	过滤时间 /s	滤液量 /mL
1						
2						
3						
4						
5						
6						
7						
8						
9						
10						

（2）数据处理和分析要求

① 由恒压过滤实验数据求过滤常数 K，q_e，τ_e。

② 比较几种压差下的 K，q_e，τ_e，讨论压差变化对以上参数数值的影响。

③ 在直角坐标纸上绘制 $\lg K - \lg(\Delta p)$ 关系曲线，求出滤饼的压缩性指数 S。

④ 对实验数据进行必要的误差分析，评价一下数据和结果的误差，并分析其原因。

2. 单板式实验装置

(1) 数据记录表

过滤器直径 $d =$ _____ mm，滤液槽面积 $A =$ _____ m^2。

序号	Δp_1/MPa		Δp_2/MPa		Δp_3/MPa	
	液层高度/mm	时间间隔/s	液层高度/mm	时间间隔/s	液层高度/mm	时间间隔/s
1						
2						
3						
4						
5						
6						
7						
8						
9						
10						

(2) 数据处理和分析要求

① 以 $\tau - \tau_1/q - q_1$ 对 $q - q_1$ 作图，用最小二乘拟合求出过滤常数 K 和虚拟滤液量 q_e，并写出完整的过滤方程式。

② 作 $\lg K - \lg(\Delta p)$ 关系曲线，用最小二乘拟合求出滤饼压缩性指数 S。

(3) 实验数据记录及数据处理示例

八、思考题

(1) 通过实验，你认为过滤的一维模型是否适用？

(2) 当操作压强增加一倍时，K 是否也增加一倍？ 要得到同样的过滤液，其过滤时间是否缩短了一半？

(3) 影响过滤速率的主要因素有哪些？

(4) 滤浆浓度和操作压强对过滤常数 K 有何影响？

(5) 为什么开始过滤时，滤液常常有点混浊，而过段时间后才变清？

九、参考文献

[1] 陈敏恒,丛德滋,方图南,齐鸣斋.化工原理[M].北京:化学工业出版社,2002.

[2] 姚玉英.化工原理(上)[M].天津:天津大学出版社,1999.

[3] 冯晖,居沈贵,夏毅.化工原理实验[M].南京:东南大学出版社,2003.

[4] 史贤林,田恒水,张平.化工原理实验[M].上海:华东理工大学出版社,2005.

§5.4　换热器的操作和总传热系数的测定

一、实验内容

(1) 测定水-水物系在常用流速范围内的传热系数。

(2) 换热器的操作:先设定一种操作条件,待达到定态操作后,再增加热(或冷)流体流量的 50%,并维持热(或冷)流体的进出口温度不变。

二、实验目的

(1) 了解换热器的结构。

(2) 了解影响传热系数的因素和传热的途径,学会换热器的操作方法。

(3) 掌握换热器传热系数的测定及实验数据处理方法。

三、实验原理

换热器是在工业生产中需要完成加热或冷却任务时经常使用的一种换热设备。它是由多个传热元件组成的,必须在单位时间内完成传送一定热量的任务以满足工艺的要求。由于传热元件的结构形式繁多,由此构成的各种换热器也有很大的性能差异。因此,要在具体的使用场合合理、经济地选用或设计一台换热器,就必须充分了解换热器的性能。了解换热器性能的重要途径之一就是通过实验测定换热器的性能,了解影响其性能的主要因素。

换热器是一种节能设备,它既能回收热能,又需消耗机械能。因此,度量一台换热器性能好坏的标准主要有换热器的传热系数(K)和流体通过换热器的阻力损失(Δp)两个技术参数。前者反映了回收热量的能力,后者则是消耗机械能的标志。

1. 传热系数 K

对于不变相的液-液换热系统,由热量衡算可知:

$$Q_h = Q_c + Q_损 \tag{5-32}$$

$$Q_h = G_h c_{ph}(T_进 - T_出) \tag{5-33}$$

$$Q_c = G_c c_{pc}(t_出 - t_进) \tag{5-34}$$

若实验装置保温良好,$Q_损$可忽略不计,因此

$$Q_h = Q_c = Q \tag{5-35}$$

由于实验过程中存在随机误差,一般情况下换热器的传热量为

$$Q = \frac{Q_h + Q_c}{2} \tag{5-36}$$

换热器的操作优劣以操作平衡度 η 度量,即

$$\eta = \frac{Q - Q_h}{Q} \times 100 \tag{5-37}$$

由传热速率方程式可知:

$$Q = KA\Delta t_m \tag{5-38}$$

式中,$\Delta t_m = \varepsilon_{\Delta t} \cdot \Delta t_{m逆}$

$$\Delta t_{m逆} = \frac{(T_进 - t_出) - (T_出 - t_进)}{\ln \dfrac{T_进 - t_出}{T_出 - t_进}} \tag{5-39}$$

K 为以冷流体侧的传热面为基准的传热系数,

$$K = \frac{1}{\dfrac{1}{\alpha_c} + \dfrac{\delta}{\lambda}\dfrac{A_c}{A_m} + \dfrac{A_c}{\alpha_h A_h}} \tag{5-40}$$

式中:K—— 传热系数;

α—— 流体的给热系数;

A—— 换热器的传热面积;

G—— 流体的质量流量;

c_p—— 流体的恒压热容;

T—— 热流体温度;

t—— 冷流体温度;

Δt—— 对数平均温差;

$\varepsilon_{\Delta t}$—— 传热平均温差的修正系数,全逆流时,$\varepsilon_{\Delta t} = 1$;单壳程、双管程的 $\varepsilon_{\Delta t}$ 可从
图 5-7 中查得;

η—— 操作不平衡系数;

λ—— 固体壁导热系数;

δ—— 固体壁厚度;

h—— 热流体;进 —— 进口;

c—— 冷流体;出 —— 出口;

m—— 平均值;逆 —— 逆流。

2. 流体流动的阻力损失

由流体力学可知

$$\Delta p = \zeta \frac{\rho u^2}{2} \tag{5-41}$$

即

$$\Delta p = f(u) \tag{5-42}$$

或

$$\Delta p = f(v) \tag{5-43}$$

式中:Δp —— 流体通过管道的阻力损失;

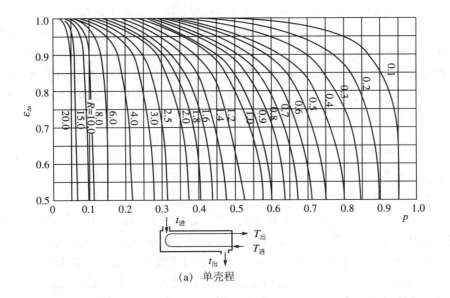

(a) 单壳程

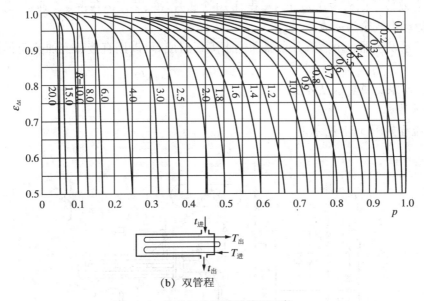

(b) 双管程

图 5－7 传热平均温度差修正系数 $\varepsilon_{\Delta t}$

注：$\varepsilon_{\Delta t} = f(P,R)$，$P = \dfrac{t_{出} - t_{进}}{T_{进} - t_{进}} = \dfrac{冷流体温度的升高}{冷热流体的最初温度差}$，$R = \dfrac{T_{进} - T_{出}}{t_{出} - t_{进}} = \dfrac{热流体温度的降低}{冷流体的温度升高}$。

u——流体在换热器管道中的流速流量；

v——流体在换热器管道中的体积流量。

3. 换热器的操作和调整

当换热器的热负荷发生变化时，需要通过换热器的操作和调整以完成任务。由传热速率方程式(5－38)可知，影响传热量的参数有传热面积、传热系数和过程的平均温度差三个要素；由热量衡算方程可知，由于换热器的热(或冷)流体的进、出口温度不能随意改变，在操作时的调节手段只能靠改变冷(或热)流体的流量和进口温度来实现。

　　热(或冷)流体的进、出口温度由生产工艺决定,传热负荷的变化是由热(或冷)流体流速变化所致。若冷(或热)流体流速的变化率相同,则仅能维持平均温差相同,不能满足热负荷变化的要求。若传热阻力受冷(或热)流体控制,采用较大的冷(或热)流体的变化率,使传热系数和平均温差同时发生变化,以达到使热负荷变化的目的。若传热阻力受热(或冷)流体控制,应该采用调整冷(或热)流体的进口温度,使平均温差增加或减少,从而满足热负荷变化的要求。按照上述的操作原则进行调整,能较方便地满足生产工艺的要求。

四、实验装置和流程

1. 实验装置

(1) 被测元件换热器,它有三种形式。

① 低肋小管径列管换热器。单壳程和双管程。壳程采用圆缺形挡板。管束由 14 根 $\Phi 10 \times 1$ 低肋紫铜管组成,有效传热管长分别为 290 mm 和 460 mm,传热面积分别为 0.4 m^2 和 0.6 m^2。

② 螺旋板换热器。有效传热长度为 200 mm,通道宽度 6 mm,传热面积为 0.8 m^2。

③ 板式换热器。由 40 片人字波纹板,以 2×4(共四个板程,每程有两种流道)组合而成。每片有效传热面积为 0.05 m^2,每程有 10 个板片,冷、热流体各占 5 个通道,总传热面积为 2 m^2,流动形式全为逆流。

(2) 热水发生器。由蒸汽分布器和热水隔板组成,可以用直接蒸汽加热而得到预定温度的热水。

(3) 热水泵。供热水循环使用。

2. 实验流程

实验流程如图 5-8 所示。

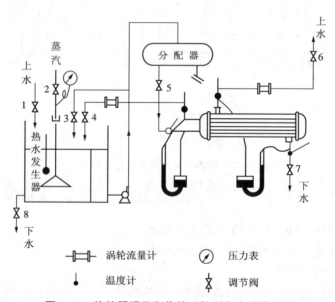

图 5-8　换热器操作和传热系数测定实验的流程

以列管式换热器为例:

本实验的物系是冷水和热水。冷水来自上水管,经涡轮流量计计量,进入换热器壳程。

换热后排入下水道。在冷水的进、出口处装有玻璃温度计测量冷水进、出口温度,并装有单管压差计测量冷水流道的阻力降。

　　热水的水源来自上水道。热水发生器中充水约 2/3 高度后,关闭上水阀 1。以直接蒸汽加热,维持所需的热水温度。由热水泵将热水经热水分配器输入换热器的管程,换热后由涡轮流量计计量,最后返回热水发生器循环使用。在热水进、出口处也装有玻璃温度计与单管压差计,分别测量热水进、出口温度和热水流道的阻力降。

五、实验操作

　　(1) 在热水发生器内充水至槽高的 2/3,关闭上水阀 1,并适当开启热水发生器的排水阀,以维持水位高度的恒定。

　　(2) 启动电源,调节温控仪至预定温度,控制热水发生器,将槽内水加热至指定温度(约 60℃)。

　　(3) 开启水泵,打开循环阀 3。开启蒸汽阀 2,维持蒸汽压约 2×10^5 Pa,预热至 60℃左右。先开启冷水调节阀 6 和阀 7,然后开启热水调节阀 4 和阀 5,并逐渐关闭循环阀 3。

　　(4) 调节蒸汽阀 2,维持热水发生器内热水温度不变,并随时缓慢地调节冷、热水的调节阀,维持冷、热水的流量不变。

　　(5) 当热水进口温度保持 10 min 左右基本不变时,分别记录冷、热水的流量和冷、热水的进、出口温度。每个实验点测 3 至 4 次数据,测量间隔约 5 min。

　　(6) 在维持热水流量(或冷水流量)不变的情况下,改变若干次冷水流量(或热水流量),测定总传热系数 K。

　　(7) 实验结束,关闭蒸汽阀 2 和热水泵,开启上水阀 1 和下水阀 8,待热水发生器中的水温降至 45℃以下后,把水排空,关闭冷、热水调节阀 4,5,6,7 和上水阀 1,切断电源。

六、实验注意事项

　　(1) 热水发生器水位应约维持在其高度的 2/3。直接用蒸汽加热时,将会引起水位升高,导致热水溢出。因此,应适当开启热水发生器的排水阀,以维持水位高度的恒定。

　　(2) 先打开热水进水口的流量计阀门,再打开热水发生器的加热电源。

　　(3) 实验过程中应维持热水发生器内热水温度基本不变,可通过调节蒸汽阀进行控制,并随时缓慢地调节冷、热水的调节阀,维持冷、热水流量基本不变。

七、实验数据处理与分析要求

1. 实验数据记录与处理

换热器参数:

装置号＿＿＿＿＿＿＿＿＿;管长＿＿＿＿＿＿＿＿＿;管径＿＿＿＿＿＿＿＿＿＿;

管数＿＿＿＿＿＿＿＿;管程数＿＿＿＿＿＿＿＿;传热面积＿＿＿＿＿＿＿＿＿。

实验测得原始数据:

No.	冷水流量/(m³/h)	热水流量/(m³/h)	冷水进口温度/℃	冷水出口温度/℃	热水进口温度/℃	热水出口温度/℃
1						
2						
3						
4						

2. 实验数据分析要求

(1) 由实验测定的流量、温度,根据传热方程计算传热系数 K。

(2) 通过实验过程的具体操作,总结出换热器稳定操作的方法。

3. 实验数据记录及数据处理示例

八、思考题

(1) 在实验过程中,有哪些因素影响实验的稳定性?

(2) 影响传热系数 K 的因素有哪些?

(3) 在传热过程中,有哪些工程因素可以调动?应如何着手?

九、参考文献

[1] 姚玉英,黄凤廉,陈常贵,柴诚敬.化工原理(上册)[M].天津:天津大学出版社,1999.

[2] 陈同芸,瞿谷仁,吴乃登.化工原理实验[M].上海:华东化工学院出版社,1989.

[3] 王雅琼,许文林.化工原理实验[M].北京:化学工业出版社,2004.

§5.5　对流给热系数的测定

一、实验内容

(1) 在套管换热器中,测定水(空气)在圆形直管内强制对流时的给热系数。

(2) 在套管换热器中,测定套管换热器的总传热系数。

(3) 根据冷流体给热系数的模型 $Nu/Pr^{0.4} = A\,Re^m$ 确定式中常数 A 及 m。

二、实验目的

(1) 了解间壁式传热元件的研究和传热系数测定的实验组织方法。

(2) 熟悉用热电阻或热电偶测量温度的方法。

(3) 熟悉控制及调节流量的方法。

(4) 学会对流传热系数测定实验的实验数据处理方法。

(5) 掌握测定水(空气)在圆形直管内强制对流给热系数的实验测定方法。

(6) 掌握套管换热器总传热系数的实验测定方法。

（7）了解影响传热系数的因素和强化传热的途径。

三、基本原理

在套管换热器中,在环隙通水蒸气(热空气),内管管内通水(空气),在环隙的水蒸气冷凝放热(热空气降温放热),加热管内的水(空气),在传热过程达到稳定后,忽略热损失,则有如下关系式:

$$\rho V c_p (t_2 - t_1) = \alpha_0 A_0 (T - T_W)_m = \alpha_i A_i (t_W - t)_m = K_0 A_0 \Delta t_m \tag{5-44}$$

式中：V—— 被加热流体的体积流量,m^3/s；

$\quad\quad\rho$—— 被加热流体的密度,kg/m^3；

$\quad\quad c_p$—— 被加热流体的平均比热,$J/(kg \cdot ℃)$；

$\quad\quad t_1, t_2$—— 被加热流体的进、出口温度,℃；

$\quad\quad \alpha_0, \alpha_i$—— 水蒸气(热空气)对内管外壁的冷凝给热系数和冷流体对内管内壁的对流给热系数,$W/(m^2 \cdot ℃)$；

$\quad\quad A_0, A_i$—— 内管的外壁面、内壁面的面积,m^2；

$\quad\quad K_0$—— 基于内管外表面面积的总传热系数,$W/(m^2 \cdot ℃)$；

$\quad\quad (T - T_W)_m$—— 热流体的温度与外壁的温度间的对数平均温度差,℃。

当热流体是水蒸气时,则

$$(T - T_W)_m = \frac{(T_s - T_{W_1}) - (T_s - T_{W_2})}{\ln \dfrac{T_s - T_{W_1}}{T_s - T_{W_2}}} \tag{5-45}$$

当热流体是热空气时,则

$$(T - T_W)_m = \frac{(T_1 - T_{W_1}) - (T_2 - T_{W_2})}{\ln \dfrac{T_1 - T_{W_1}}{T_2 - T_{W_2}}} \tag{5-46}$$

$$(t_W - t)_m = \frac{(t_{W_1} - t_1) - (t_{W_2} - t_2)}{\ln \dfrac{t_{W_1} - t_1}{t_{W_2} - t_2}} \tag{5-47}$$

式中：$(t_W - t)_m$——内壁与冷流体间的对数平均温度差,℃；

$\quad\quad \Delta t_m$——冷、热流体的对数平均温差,℃。

当热流体是水蒸气时,则

$$\Delta t_m = \frac{(T_s - t_1) - (T_s - t_2)}{\ln \dfrac{T_s - t_1}{T_s - t_2}} \tag{5-48}$$

当热流体是热空气时,则

$$\Delta t_m = \frac{(T_{W_2} - t_{W_1}) - (T_{W_1} - t_{W_2})}{\ln \dfrac{T_{W_2} - t_{W_1}}{T_{W_1} - t_{W_2}}} \tag{5-49}$$

式中：T_s——蒸汽温度,℃；

$\quad\quad T_{W_1}, T_{W_2}$——外壁面Ⅰ端、Ⅱ端的温度,℃；

$\quad\quad t_{w_1}, t_{w_2}$——内壁面Ⅰ端、Ⅱ端的温度,℃。

当内管材料导热性能很好,即 λ 很大,且管壁厚度很薄时,可认为 $T_{W_1}=t_{W_1}$,$T_{W_2}=t_{W_2}$,即为所测得的该点的壁温。由式(5-44)可得:

$$\alpha_0 = \frac{V\rho C_p(t_2-t_1)}{A_o(T-T_W)_m} \qquad (5-50)$$

$$\alpha_i = \frac{V\rho C_p(t_2-t_1)}{A_i(t_W-t)_m} \qquad (5-51)$$

$$K_0 = \frac{\rho V C_p(t_2-t_1)}{A_o \Delta t_m} \qquad (5-52)$$

若能测得被加热流体的 V,t_1,t_2,内管的换热面积 A_0 或 A_i,以及水蒸气的温度 T,壁温 T_{W_1},T_{W_2},则可通过式(5-50)算得实测的热流体(平均)给热系数 α_0;通过式(5-51)算得实测的冷流体在管内的(平均)对流给热系数 α_i;通过式(5-52)算得实测的流体在套管换热器中总传热系数 K_0。

冷流体在直管内强制对流时的给热系数,可按下列半经验公式求得。

湍流时:

$$\alpha_i = 0.023\frac{\lambda}{d_i}Re^{0.8}Pr^{0.4} \qquad (5-53)$$

式中:α_i——流体在直管内强制对流时的给热系数,$W/(m^2 \cdot ℃)$;

λ——流体的导热系数,$W/(m^2 \cdot ℃)$;

d_i——内管内径,m;

Re——流体在管内的雷诺数,无因次;

Pr——流体的普朗特数,无因次。

上式中,定性温度均为流体的平均温度,即 $t=(t_1+t_2)/2$。

过渡流时:

$$\alpha_i' = \varphi\alpha_i \qquad (5-54)$$

式中:φ——修正系数,$\varphi=1-\dfrac{6\times10^5}{Re^{1.8}}$。

由因次分析法可知,流体无相变时管内强制湍流给热特征数的关联式为

$$Nu = A Re^m Pr^n \qquad (5-55)$$

或

$$\frac{\alpha d}{\lambda} = A\left(\frac{du\rho}{\mu}\right)^m\left(\frac{c_p\mu}{\lambda}\right)^n \qquad (5-56)$$

本实验中,由于流体被加热,取 $n=0.4$,此时式(5-55)变为单变量方程,在两边取对数,得到直线方程为

$$\lg\frac{Nu}{Pr^{0.4}} = \lg A + m\lg Re \qquad (5-57)$$

在双对数坐标中以 $Nu/Pr^{0.4}$ 对 Re 作图,由直线斜率与截距之值求取系数 A 与指数 m。

四、实验装置与流程

本实验目前有两种装置,主要是加热流体的不同。

1. 水蒸气-水(空气)对流给热系数测定实验装置

本实验装置由蒸汽发生器、套管换热器及温度传感器、智能显示仪表等构成。其实验装置流程如图 5-9 所示。

来自蒸汽发生器的水蒸气进入玻璃套管换热器,与冷水(空气)进行热交换,冷凝水经管道排入地沟,水经 LWY-15 型涡轮流量计(冷空气经 LWQ-25 型涡轮流量计)进入套管换热器内管(紫铜管),热交换后进入下水道。水(空气)流量可对阀门开度的大小进行手动调节或通过变频器改变电机的转速自动调节流量。

本装置的设备与仪表的规格如下。

(1) 紫铜管规格:直径 $\phi16\times1.5$ mm,长度 $L=1\ 010$ mm。

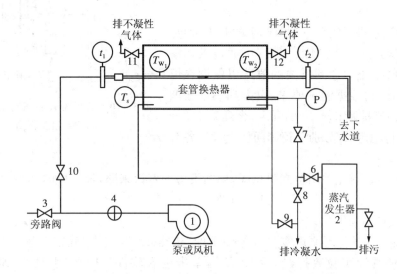

图 5-9　水蒸气-水(空气)对流给热系数测定实验流程图
1—水泵(风机);2—蒸汽发生器;3—旁路阀;4—涡轮流量计;6—蒸汽总阀;7—蒸汽调节阀;
8,9—冷凝水排放阀;10—水流(空气)量调节阀;11—惰性气体排放阀

(2) 外套玻璃管规格:直径 $\phi112\times6$ mm,长度 $L=1\ 010$ mm。

(3) 旋涡气泵:XGB-12 型,风量 0~90 m³/h,风压 12 kPa。

格兰富水泵:UPA90,扬程 9 m,流量 1.8 m³/h。

(4) 压力表规格:0~0.1 MPa。

2. 热空气-冷空气对流给热系数测定实验装置

装置如图 5-10 所示。

五、实验操作

1. 水蒸气-水(空气)对流给热系数测定实验装置的操作

(1) 数据手动采集

① 检查仪表、蒸汽发生器及测温点是否正常,检查进系统的蒸气调节阀 7 是否关闭。

② 打开总电源开关、仪表电源开关、电加热电源开关。

③ 蒸汽发生器中的温度达到设定值后,启动水泵(气泵),使内管通以一定量的冷水(冷

空气)。

④ 排除蒸汽管线中原积存的冷凝水(方法是关闭进系统的蒸汽总阀 6,打开蒸汽管凝结水排放阀 8)。

⑤ 排净后,关闭凝结水排放阀 8,打开进系统的水蒸气调节阀 7,使蒸汽缓缓进入换热器环隙(切忌猛开,防止玻璃炸裂伤人)以加热套管换热器,再打开换热器冷凝水排放阀 9(冷凝水排放阀的开度不要开启过大,以免蒸汽泄漏),使环隙中冷凝水不断地排至地沟。

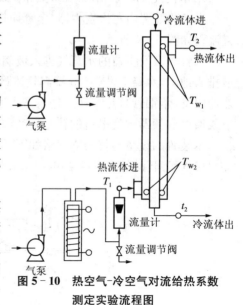

图 5-10 热空气-冷空气对流给热系数测定实验流程图

⑥ 仔细调节进系统蒸汽调节阀 7 的开度,使蒸汽压力稳定保持在 0.02 MPa 以下(可通过微调惰性气体排空阀使压力达到需要的值),以保证在恒压条件下操作,再根据测试要求,由大到小逐渐调节冷水(空气)流量调节阀 10 的开度,合理确定 3~5 个实验点,待稳定后,分别从控制面板上读取各有关参数。

⑦ 实验结束,首先关闭蒸汽源总阀,切断设备的蒸汽来路,经一段时间后,再关闭冷水泵(气泵),关闭仪表电源开关及切断总电源。

(2) 数据自动采集

开启电脑,打开化工原理实验数据库下的"传热.exe",点击"确定",填写学生或者老师的信息以便查询实验数据,然后"确认",单击进入软件。打开"水蒸气-水(空气)体系.MCG",进去以后按"F3"进入 MCGS 测控系统,按"F5"进入运行环境,填好使用者信息,点击"确定",进入实时监控软件。待达到实验条件要求后,点"开始实验",采集 3~5 个实验点后,结束实验。点击"退出实验",关闭 MCGS 组态环境,回到"化工原理实验测控系统",在文件菜单下打开原始数据,再计算与分析菜单下得到计算结果列表和图形显示。

2. 热空气-冷空气对流给热系数测定实验装置的操作

(1) 先打开冷空气转子流量计阀门,再打开热空气进口调节阀。

(2) 打开电源开关,然后再调节变压器旋钮,使电压表读数为 100 V。

(3) 整个实验操作过程中控制热空气进口流量为 10 m³/h,并使热空气进口温度 T_1 为 90℃~100℃之间的某一恒定刻度,改变冷空气转子流量计阀门开度,达到改变流量的目的,实验依次采用 16 m³/h,14 m³/h,12 m³/h,10 m³/h,8 m³/h。

(4) 待冷流体出口温度保持 5 min 以上不变时,方可同时采集实验数据。

(5) 实验结束时,先关调压变压器,保持冷空气继续流动 20 min,以足够冷却加热器及冷却壁面,保护热电偶接触正常。

(6) 上机数据处理的直线相关系数要求 $R \geqslant 0.95$,否则重做实验。

六、注意事项

1. 水蒸气-水（空气）对流给热系数测定实验装置

（1）一定要在套管换热器内管通入一定量的水（空气），方可开启蒸汽阀门，且必须在排除蒸汽管线上原先积存的凝结水后，方可把蒸汽通入套管换热器中。

（2）开始通入蒸汽时，要缓慢打开蒸汽阀门，使蒸汽徐徐流入换热器中，逐渐加热，由"冷态"转变为"热态"不得少于 10 min，以防止玻璃管因突然受热、受压而爆裂。

（3）操作过程中，蒸汽压力一般控制在 0.02 MPa（表压）以下，因为在此条件下压力比较容易控制。

（4）测定各参数时，必须是在稳定传热状态下，并且随时注意惰性气体的排空和压力表读数的调整。每组数据应重复 2～3 次，以确认数据的再现性、可靠性。

2. 热空气-冷空气对流给热系数测定实验装置

测定各参数时，必须是在稳定传热状态下进行。

七、实验数据处理与分析要求

1. 数据记录表

（1）水蒸气-水（空气）对流给热系数测定实验装置

实验压力：_____MPa。

实验次数	流量 V /(m³/h)	t_1 /℃	t_2 /℃	T_{W1} /℃	T_{W2} /℃	T_s /℃
1						
2						
3						
4						

（2）热空气-冷空气对流给热系数测定实验装置

管径 d_i =_____mm，管壁厚 δ =_____mm，管长 l =_____m，外表面积系数=_____。

序号	热空气 /(m³/h)	$T_{进}$ /℃	$T_{出}$ /℃	冷空气 /(m³/h)	$t_{进}$ /℃	$t_{出}$ /℃	T_{W1} /℃	T_{W2} /℃
1								
2								
3								
4								
5								

2. 数据处理和分析要求

（1）根据热量衡算方程式和传热速率方程式计算总传热系数 K 和对流传热系数 α_0，α_i；并将冷流体给热系数的实验值与理论值列表比较，计算各点误差，并分析讨论。

（2）分析冷流体流量的变化对 α_i 和 K 的影响。

（3）按冷流体给热系数的模型式 $Nu/Pr^{0.4}=A\,Re^m$，确定式中常数 A 及 m。

3. 实验数据记录及数据处理示例⁻

八、思考题(根据采用的实验装置选择)

(1) 实验中冷流体和蒸汽的流向,对传热效果有何影响?

(2) 蒸汽冷凝过程中,若存在不冷凝气体,对传热有何影响?应采取什么措施?

(3) 实验过程中,冷凝水不及时排走会产生什么影响?如何及时排走冷凝水?

(4) 实验中,所测定的壁温一般是接近蒸汽温度还是冷水温度?为什么?

(5) 如果采用不同压强的蒸汽进行实验,对 α 关联式有何影响?

(6) 为何要先打开热空气流量计阀门,再打开电源加热?

(7) 在整个实验过程中,如何控制热空气的进口温度恒定在 90℃～100℃之间的某一恒定刻度?

九、参考文献

[1] 姚玉英.化工原理(上)[M].天津:天津大学出版社,1999.

[2] 冯晖,居沈贵,夏毅.化工原理实验[M].南京:东南大学出版社,2003.

[3] 史贤林,田恒水,张平.化工原理实验[M].上海:华东理工大学出版社,2005.

[4] 姚克俭.化工原理实验立体教材[M].杭州:浙江大学出版社,2009.

[5] 王存文,孙炜.化工原理实验与数据处理[M].北京:化学工业出版社,2008.

[6] 陈敏恒,丛德滋,方图南,等.化工原理[M].北京:化学工业出版社,2010.

[7] 赵亚娟,张伟禄,余卫芳.化工原理实验[M].北京:中国科学技术出版社,2009.

§5.6 精馏塔的操作和全塔效率的测定实验

一、实验内容

(1) 掌握全回流和部分回流的操作方法及调节方法。

(2) 利用气相色谱仪测定混合物的组成。

(3) 计算塔设备的全塔效率、单板效率和等板高度。

二、实验目的

(1) 观察精馏工艺流程,了解连续精馏塔(板式塔或填料塔)的基本结构。

(2) 掌握连续精馏塔的操作方法及调节方法。

(3) 仔细观察精馏塔内的气液接触状态,体会塔内液泛、漏液等现象对精馏操作的影响。

(4) 测定全回流及部分回流操作时,板式精馏塔的全塔效率、单板效率,或填料精馏塔的等板高度,确定改变回流比对精馏塔效率的影响。

(5) 学会使用气相色谱仪测定混合物的组成。

三、基本原理

精馏是指利用混合物中各组成挥发度的差异,在热能驱动下,让蒸汽(气相)与液相回流液在塔内逆流接触,进行热量与质量的传递,塔板上多次进行易挥发组分部分汽化,难挥发组分部分冷凝的过程,精馏的过程中轻组分上升、重组分下降,从而达到分离混合物的目的。根据精馏塔内的构件不同,可将精馏塔分为板式塔和填料塔两大类。

1. 板式塔

(1) 全塔效率 E_T

板式精馏塔中,完成分离任务所需理论板数与实际板数的比值为全塔效率 E_T(或总板效率),即

$$E_T = \frac{N_T}{N_p} \tag{5-58}$$

式中:N_T—— 塔内所需理论板数(不含塔釜);

　　　N_p—— 塔内实际板数。

全塔效率受塔板结构、物质性质、操作状况对塔分离能力的影响,一般由实验测定。

在全回流精馏实验中,塔内的实际板数已知,理论塔板数 N_T 可以通过测定塔顶馏出液组成 x_D、残液组成 x_W,利用图解法或逐板计算法求得。对于理想双组分溶液的精馏,也可以用芬斯克公式进行计算:

$$N_{\min} = \frac{\lg \left[\left(\dfrac{x_D}{1-x_D} \right) \left(\dfrac{1-x_W}{x_W} \right) \right]}{\lg \alpha_m} - 1 \tag{5-59}$$

式中:$N_{\min}$——全回流操作时最小理论塔板数;

　　　α_m——全塔物料的平均相对挥发度;

　　　x_D——塔顶馏出液中轻组分的物质的量分数;

　　　x_W——塔釜残液中重组分的物质的量分数。

当塔顶、塔底物料的相对挥发度相差不大时,α_m 可近似取塔顶物料的相对挥发度 $\alpha_{顶}$ 和塔底相对挥发度 $\alpha_{底}$ 的几何平均值:

$$\alpha_m = \sqrt{\alpha_{顶} \cdot \alpha_{底}} \tag{5-60}$$

部分回流精馏实验中,塔内的实际板数已知,理论塔板数 N_T 由已知的双组分物系平衡关系,通过实验测得的塔顶产品组成 x_D、进料组成 x_F、回流比 R、进料温度 t_F 等,得出精馏段操作线方程及 q 线方程,根据残液组成 x_W 确定提馏段操作线方程,利用图解法或逐板计算法求得。

精馏段:

$$y_{n+1} = \frac{R}{R+1} x_n + \frac{x_D}{R+1} \tag{5-61}$$

q 线:

$$y = \frac{q}{q-1} x - \frac{x_F}{q-1} \tag{5-62}$$

$$q = 1 + \frac{C_{PF}(t_s - t_F)}{r_F} \tag{5-63}$$

式中：r_F —— 进料液组成下的汽化潜热；

$\quad\quad t_s$ —— 进料液的泡点温度；

$\quad\quad t_F$ —— 进料液温度；

$\quad\quad C_{PF}$ —— 进料液在平均温度下$(t_s + t_F)/2$的比热容。

（2）单板效率 E_M［默弗里（Murphree）效率］

单板效率 E_M 是指气相或液相经过一层实际塔板前后的组成变化与经过一层理论塔板前后的组成变化的比值。

以气相表示的 E_{MV}

$$E_{MV} = \frac{y_n - y_{n+1}}{y_n^* - y_{n+1}} \tag{5-64}$$

式中：y_n —— 离开第 n 块板的气相组成，物质的量分数；

$\quad\quad y_{n+1}$ —— 进入第 n 块板的气相组成，物质的量分数；

$\quad\quad y_{n+1}^*$ —— 与离开第 n 块板的液相组成 x_n 成平衡的气相组成，物质的量分数。

以液相表示的 E_{ML}。

$$E_{ML} = \frac{x_{n-1} - x_n}{x_{n-1} - x_n^*} \tag{5-65}$$

式中：x_{n-1} —— 进入第 n 块板的液相组成，物质的量分数；

$\quad\quad x_n$ —— 离开第 n 块板的液相组成，物质的量分数；

$\quad\quad x_n^*$ —— 与离开第 n 块板的气相组成 y_n 成平衡的液相组成，物质的量分数。

2. 填料塔

填料塔的传质性能、负荷、稳定性主要受填料性能及流体在填料间的力学性能影响。设计填料塔时，塔高可以由所需填料的等板高度（HETP）来确定。填料的等板高度是指与一层理论塔板的传质作用相当的填料层高度。它取决填料的类型、形状与尺寸，受系统物性、操作条件及塔设备尺寸的影响。对于双组分物系，通过实验测得塔顶产品组成 x_D、残液组成 x_W、进料组成 x_F、回流比 R、进料温度 t_F 和填料层高度 Z 等有关参数，仿照板式塔的计算方法，利用图解法或逐板计算法求得理论板数 N_T。

$$HETP = \frac{H}{N_T} \tag{5-66}$$

式中：H —— 填料层的实际高度，m；

$\quad\quad N_T$ —— 填料塔的所需理论板数（不含塔釜）。

四、实验装置与流程

本实验装置有筛板塔和填料塔两种类型，特征数据如下。

1. 不锈钢筛板塔

筛板精馏塔的塔内径 $d_内$ 为 66 mm，实际塔板数 N_P 为 16 块，塔釜液体加热采用电加热，塔顶冷凝器为列管换热器，进样采用电磁微量计量泵进料。筛板精馏塔实验装置如图5-11所示。

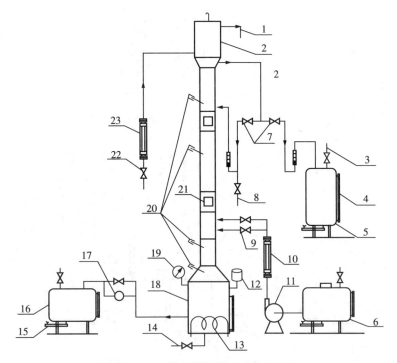

图 5 - 11 筛板精馏塔实验流程图

1—冷却水出口;2—塔顶冷凝器;3—放空口;4—液位计;5—塔顶馏出液贮槽;6—原料液贮槽;
7—回流比控制阀;8—塔顶产品取样口;9—原料预热控制阀;10,22—转子流量计;11—进样泵;
12—加料口;13—电加热器;14—塔釜产品取样口;15—放空阀;16—塔釜残液贮槽;17—电磁阀;
18—塔釜;19—膜盒压力表;20—测温点;21—视窗;23—冷却水进口

2. 不锈钢填料塔

填料精馏塔塔内径 $d_{内}$ 为 68 mm,塔内层填料层高度 Z 为 1.0 m(乱堆),填料为不锈钢 θ 环散装填料,塔顶冷凝器为列管换热器,进样采用电磁微量计量泵进料。如图 5 - 12 所示。

五、实验操作

1. 全回流

(1) 观察板式(或填料)精馏塔的结构,根据物料流向,熟悉精馏工艺流程,了解各部件的作用。

(2) 从加料口向塔釜中加入足量配制好的质量分数为 20% 左右的乙醇料液,通过液位计观察料液的容积。

(3) 打开冷凝器的冷却水,冷却水量足够大,使蒸汽全部冷凝实现全回流。

(4) 调节装置中各阀门到工作状态,启动电源,将加热电压调至 150 V 左右,让釜液缓缓升温,待塔板上出现液相时,可适当提高加热电压,保证塔内气液相正常传质,若有液沫夹带现象,可适当降低电压。

(5) 待塔板上鼓泡均匀后,保持加热电压不变,维持全回流操作约 30 min,当塔顶、塔釜温度稳定后,可在塔顶、塔釜取样口取样。取样时注意先放出管道内的滞流量,以确保取样

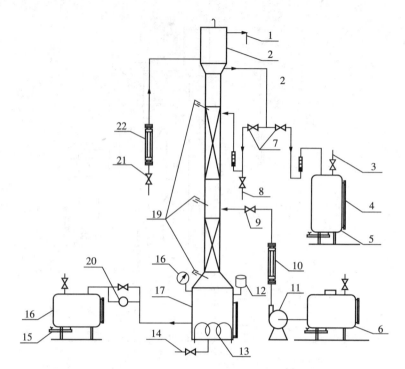

图 5 - 12　填料精馏塔实验流程图

1—冷却水出口；2—塔顶冷凝器；3—放空口；4—液位计；5—塔顶馏出液贮槽；6—原料液贮槽；
7—回流比控制阀；8—塔顶产品取样口；9—原料预热控制阀；10,22—转子流量计；11—进料泵；
12—加料口；13—电加热器；14—塔釜产品取样口；15—放空阀；16—塔釜残液贮槽；
17—塔釜；18—膜盒压力表；19—测温点；20—电磁阀；21—冷却水进口

组成正确，用气相色谱分析样品浓度。

（6）实验完毕后，关闭加热电压，保持冷却水流量一段时间。待精馏塔冷却，塔釜温度降至 80℃以下，可关闭冷却水。

2. 部分回流

（1）向原料液贮槽中加入配制好的质量分数约 20％～30％的酒精溶液。

（2）按全回流操作，待精馏塔达到稳定的全回流状态。

（3）待全回流操作稳定后，打开进料阀，开启进料泵电源，调节进料量至适当的流量，启动回流比控制阀，调节塔顶出料和回流的流量，使回流比 R 为 1～4，馏出液进入塔顶馏出液贮槽。

（4）待塔内进出物料流量不变，塔顶、塔釜温度稳定后，即可从进料、塔顶、塔釜液各相应的取样阀放出样品，利用气相色谱分析产品浓度。

（5）实验完毕后，关闭加热电压，关闭进料阀，保持冷却水流量一段时间，待精馏塔冷却后，关闭塔顶馏出液、塔釜产品贮槽的阀门，关闭冷却水。

六、实验注意事项

（1）实验操作的过程中，塔顶放空阀一定要打开。

（2）塔釜内料液量一定要超过设定液位的 2/3 处方可打开加热管电源，否则塔釜液位过低会使电加热丝露出，干烧致坏。

（3）实验中加热由电位器来调节，因此在加热中电压不应设置过高，以免升温过快，发生严重的液沫夹带,产生暴沸,使物料从塔内冲出。

（4）取样时样品应注入事先洗净烘干的针剂瓶中,并给该瓶盖标号以免出错,各个样品尽可能同时取样。

（5）操作中要维持进料量、出料量基本平衡,调节釜底残液出料量,维持釜内液面不变。

七、实验数据处理与分析要求

1. 数据记录表

		全回流		部分回流 回流比 $R=$ _____		
		塔顶	塔釜	进料	塔顶	塔釜
	温度/℃					
样品组成	乙醇的浓度/%					
	水的浓度/%					
	流量/(L/h)					

2. 数据处理和分析要求

（1）分别计算全回流和部分回流操作时的理论板数、单板效率和全塔效率（或等板高度）,根据结果分析回流比对精馏操作的影响。

（2）分析并讨论实验过程中观察到的现象。

3. 实验数据记录及数据处理示例

八、思考题

（1）影响精馏塔操作稳定的因素是哪些？如何判定精馏塔内的气液已达稳定？

（2）精馏实验中的进料状况为冷液进料,对精馏塔操作有什么影响？如果出现精馏段干板,甚至出现塔顶既没有回流也没有出料的现象,应如何调节？

（3）部分回流实验中,精馏塔操作的回流比如何确定？如何调节回流比？

（4）若实验中塔顶采出率太大,造成产品不合格,恢复正常的生产状态最快、最有效的方法是什么？

（5）测定全回流和部分回流总板效率（或等板高度）与单板效率时各需测几个参数？取样位置在何处？

（6）什么情况下测得的单板效率数值超过 100%？

（7）试查阅文献,谈谈有哪些新型精馏技术。

表 5-1　标准大气压下乙醇-水平衡数据表

	液相乙醇物质的量分数	气相乙醇物质的量分数		液相乙醇物质的量分数	气相乙醇物质的量分数		液相乙醇物质的量分数	气相乙醇物质的量分数
1	0	0	9	0.200 0	0.530 9	17	0.595 5	0.695 9
2	0.011 9	0.127 5	10	0.250 0	0.554 8	18	0.640 5	0.718 6

续　表

	液相乙醇物质的量分数	气相乙醇物质的量分数		液相乙醇物质的量分数	气相乙醇物质的量分数		液相乙醇物质的量分数	气相乙醇物质的量分数
3	0.020 1	0.186 8	11	0.300 1	0.577 0	19	0.689 2	0.746 9
4	0.050 7	0.330 6	12	0.350 9	0.595 5	20	0.723 6	0.769 3
5	0.079 5	0.401 8	13	0.400 0	0.614 4	21	0.778 8	0.802 4
6	0.104 8	0.446 1	14	0.454 1	0.634 3	22	0.818 3	0.833 6
7	0.131 0	0.480 8	15	0.501 6	0.653 4	23	0.859 7	0.864 0
8	0.161 5	0.507 8	16	0.553 4	0.674 2	24	0.894 1	0.894 1

表 5-2　标准大气压下乙醇-水的体积、质量与比重换算表

体积分数/%	质量分数/%	比　重	体积分数/%	质量分数/%	比　重	体积分数/%	质量分数/%	比　重
0	0.00	0.998 23	31	25.46	0.961 00	62	54.09	0.904 62
1	0.79	0.996 75	32	26.32	0.959 72	63	55.11	0.902 31
2	1.59	0.995 29	33	27.18	0.958 39	64	56.13	0.899 9
3	2.38	0.993 85	34	28.04	0.957 04	65	57.15	0.897 64
4	3.18	0.992 44	35	28.91	0.955 36	66	58.19	0.895 26
5	3.98	0.991 06	36	29.78	0.954 19	67	59.23	0.892 86
6	4.78	0.989 74	37	30.65	0.952 71	68	60.27	0.890 44
7	5.59	0.988 45	38	31.53	0.951 19	69	62.31	0.887 99
8	6.40	0.987 19	39	32.41	0.949 64	70	61.33	0.885 51
9	7.20	0.985 96	40	33.30	0.988 06	71	63.46	0.883 02
10	8.01	0.984 76	41	34.19	0.946 44	72	64.54	0.880 51
11	8.83	0.983 56	42	35.99	0.944 79	73	65.63	0.877 96
12	9.364	0.982 39	43	35.99	0.943 08	74	66.72	0.875 38
13	10.46	0.981 23	44	36.89	0.941 34	75	67.83	0.872 77
14	11.27	0.980 09	45	37.80	0.939 56	76	68.94	0.870 15

九、参考文献

[1] 夏清,陈常贵.化工原理[M].天津:天津大学出版社,2005.

[2] 李凤华,于士君.化工原理[M].大连:大连理工大学出版社,2004.

[3] 冯晖,居沈贵,夏毅.化工原理实验[M].南京:东南大学出版社,2003.

[4] 陈同芸,等.化工原理实验[M].上海:华东理工大学出版社,1989.

[5] 杨涛,卢琴芳.化工原理实验[M].北京:化学工业出版社,2007.

[6] 王正平,陈兴娟.化学工程与工艺实验技术[M].哈尔滨:哈尔滨工程大学出版社,2005.

§5.7　吸收塔的操作和吸收传质系数的测定实验

一、实验内容

分别改变吸收剂的流量、温度和气体的流量,测定气体的进、出口浓度和吸收剂的进、出口温度,计算回收率 η、传质推动力 $\Delta y_m(\Delta x_m)$、传质单元高度 $H_{OG}(H_{OL})$、传质系数 $K_y\alpha$ $(K_x\alpha)$。分析气、液相流量变化和吸收剂温度改变对于吸收传质效果的影响。

二、实验目的

(1) 了解填料塔吸收、解吸装置的基本结构及流程。
(2) 掌握总体积传质系数的测定方法。
(3) 掌握填料塔的操作和调节。
(4) 了解气相色谱仪和六通阀的使用方法。
(5) 学会化工原理实验软件库(组态软件 MCGS 和 VB 实验数据处理软件系统)的使用。

三、实验原理

1. 概述

吸收是分离混合气体时利用混合气体中某组分在吸收剂中的溶解度不同而达到分离的一种方法。吸收通常在塔设备内进行,工业上尤以填料塔用得普遍。填料塔一般由圆筒壳体、填料、支撑板、液体预分布器、捕沫装置和进、出口接管等构成。其中,塔内放置的专用填料作为气液接触的媒介,其作用是使从塔顶流下的流体沿填料表面散布成大面积的液膜,并使从塔底上升的气体增强湍动,从而为气液接触传质提供良好条件。液体预分布装置的作用是使得液体在塔内有一良好的均匀分布,而液体在塔顶向下流动的过程中,由于靠近塔壁处的空隙大,流体阻力小,液体有逐渐向塔壁处汇集的倾向,从而使液体分布变差。液体再分布器的作用是将靠近塔壁处的液体收集后重新分布。

填料是填料吸收塔最重要的部分。对于工业填料,按照其结构和形状,可以分为颗粒填料和规整填料两大类。其中,颗粒填料是一粒粒的具有一定几何形状和尺寸的颗粒体,一般是以散装(乱堆)的方式堆积在塔内。常见的大颗粒填料有拉西环、鲍尔环等,填料的材质可以是金属、塑料、陶瓷等。规整填料是由许多具有相同几何形状的填料单元体组成,以整砌的方式装填在塔内,提供了很大的比表面积和高孔隙率。常见的规整填料有丝网波纹填料、孔板波纹填料等。填料的性能主要评价参数是填料的比表面积、空隙率和填料因子。在选择填料时,一般要求比表面积及空隙率要大,填料的润湿性能好,单位体积填料的质量轻,造价低,并有足够的力学强度。

2. 总体积传质系数、传质单元高度和回收率

(1) 总体积传质系数

① 易溶气体的吸收(丙酮)

用水吸收丙酮等易溶气体的过程,通常被视为气膜控制的吸收过程,其吸收传质速率由吸收速率方程式决定。

$$N_A = K_y a \cdot V_P \cdot \Delta y_m \tag{5-67}$$

式中:N_A——吸收速率,$\mathrm{mol/s}$;

$\quad K_y a$——Δy 为推动力的气相总体积传质系数,$\mathrm{mol/(m^3 \cdot h)}$;

$\quad V_P$——填料体积,$\mathrm{m^3}$;

$\quad \Delta y_m$——塔顶、塔底气相平均传质推动力。

气相平均传质推动力可表示为

$$\Delta y_m = \frac{\Delta y_1 - \Delta y_2}{\ln \dfrac{\Delta y_1}{\Delta y_2}} \tag{5-68}$$

式中:Δy_1 和 Δy_2 分别为塔底和塔顶位置的气相传质推动力,

$$\Delta y_1 = y_1 - m x_1 \tag{5-69}$$

$$\Delta y_2 = y_2 - m x_2 \tag{5-70}$$

由吸收过程物料衡算可得

$$N_A = L(x_1 - x_2) = V(y_1 - y_2) \tag{5-71}$$

式中:V——单位时间内通过吸收塔的惰性气体量,$\mathrm{mol/s}$;

$\quad L$——单位时间内通过吸收塔的溶剂量,$\mathrm{mol/s}$;

$\quad x_1, x_2$——分别为出塔及进塔液体中溶质组分的物质的量之比;

$\quad y_1, y_2$——分别为进塔及出塔气体中溶质组分的物质的量之比。

对于低浓度吸收过程,气、液相平衡关系式近似为直线,即

$$y = mx \tag{5-72}$$

用水吸收丙酮的体系中,$x_2 = 0$(清水),实验测得 y_1 和 y_2,即可由式(5-68)~式(5-72)计算出吸收总传质系数 $K_y a$。

② 难溶气体的吸收(二氧化碳)

用水吸收二氧化碳等难溶气体的过程,通常被视为液膜控制的吸收过程,其吸收传质速率由吸收速率方程式决定

$$N_A = K_x a \cdot V_P \cdot \Delta x_m \tag{5-73}$$

式中:$K_x a$——以 Δx 为推动力的液相总体积传质系数,$\mathrm{mol/(m^3 \cdot h)}$;

$\quad \Delta x_m$——塔顶、塔底液相平均传质推动力。

液相平均传质推动力可表示为

$$\Delta x_m = \frac{\Delta x_1 - \Delta x_2}{\ln \dfrac{\Delta x_1}{\Delta x_2}} \tag{5-74}$$

式中:Δy_1 和 Δy_2 分别为塔底和塔顶位置的液相传质推动力,且

$$\Delta x_1 = x_1 - \frac{y_1}{m} \tag{5-75}$$

$$\Delta x_2 = x_2 - \frac{y_2}{m} \tag{5-76}$$

用水吸收二氧化碳的体系中，$x_2 = 0$（清水），由实验可测得 y_1 和 y_2，即可由式(5-71)，式(5-72)和式(5-73)～式(5-76)计算出吸收总传质系数 $K_x a$。

(2) 传质单元高度

填料层高度 Z 可以表示成

$$Z = H_{OL} \cdot N_{OL} = H_{OG} \cdot N_{OG} \tag{5-77}$$

式中：H_{OL}，H_{OG}——液相，气相总传质单元高度，m；

　　　N_{OL}，N_{OG}——液相，气相总传质单元数，量纲为 1。

式(5-77)可用对数平均推动力表示成

$$N_{OG} = \frac{y_1 - y_2}{\Delta y_m} \tag{5-78}$$

$$N_{OL} = \frac{x_1 - x_2}{\Delta x_m} \tag{5-79}$$

由式(5-77)～式(5-79)可解出液相、气相总传质单元的高度。

(3) 回收率

吸收操作的质量评价指标可用回收率 η 来表示。对低浓度气体的吸收，回收率可近似用下式计算：

$$\eta = \frac{y_1 - y_2}{y_1} \times 100\% \tag{5-80}$$

3. 填料吸收塔的操作和调节

对于工业吸收过程，气体进口的条件（流量、温度、压力、组成等）通常由前一工序决定，因此，只有通过改变吸收剂的进口条件，即改变吸收剂的进口浓度 x_2、温度 T_2 及流量 L 来实现对吸收操作过程的调节。

(1) 改变吸收剂流量

改变吸收剂用量是对吸收过程进行调节的最常用的方法。如图 5-13 所示，当气体流量和浓度不变时，增大吸收剂用量，吸收速率将随之增大，溶质吸收量增加，气体出口组成 y_2 减小，回收率 η 增大。当液相阻力较小时，增加液体的流量，对传质系数影响不大，溶质吸收量的增加主要是由于传质推动力的增大而引起。但当液相阻力较大时，吸收剂流量的增加使得传质系数明显增大，从而使传质速率加快，溶质吸收量增大。因此，一般情况下，增加吸收剂的用量对吸收分离总是有利的。但是吸收剂流量的增大不仅要受到塔内流体力学条件的制约（例如压降、液泛等），也要综合考虑吸收液解析操作过程的费用。

(2) 改变吸收剂入口浓度

吸收剂入口浓度 x_2 的变化主要是改变了传质推动力的大小。如图 5-14 所示，x_2 降低，吸收塔顶部的传质推动力 Δy_2 增大，全塔平均传质推动力将随之增大，有利于塔顶气体出口浓度 y_2 的降低和回收率 η 的提高。

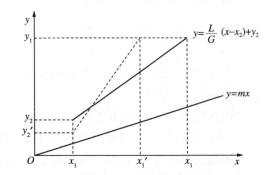

图 5-13　吸收剂流量的增加对吸收结果的影响

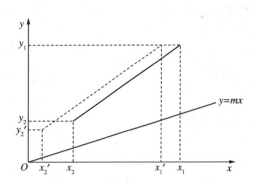

图 5 – 14　吸收剂入口浓度的变化对吸收结果的影响

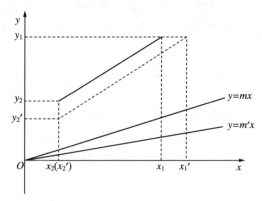

图 5 – 15　吸收剂温度对吸收结果的影响

（3）改变吸收剂入口的温度

吸收剂入口温度对吸收过程影响很大，也是控制和调节吸收操作的一个重要因素。参见图 5 – 15，如果吸收剂入口温度降低，相平衡常数减小，导致平衡线下移，使传质推动力 Δy_m 增大，吸收过程阻力 $\dfrac{m}{K_y a}$ 减小，结果使吸收速率增大，y_2 减小，回收率提高。因此，在工业生产中，总希望吸收操作尽可能在较低的温度下进行。

4. 解吸

使溶解于液相的气体释放出来的操作称为脱吸或解吸。气提脱吸是目前常采用的方法。气提脱吸法也称为载气脱吸法，其过程类似于逆流吸收，只是脱吸时溶质由液相传递到气相。吸收液从脱吸塔的塔顶喷淋而下，载气从脱吸塔底通入，自下而上流动，气、液两相在逆流接触的过程中，溶质将不断地由液相转移到气相。与逆流吸收塔相比，脱吸塔的塔顶为浓端，而塔底为稀端。气提脱吸所用的载气一般为不含（或含极少）溶质的惰性气体或溶剂蒸汽，其作用在于提供与吸收液不相平衡的气相。

适用于吸收操作的设备同样适用于脱吸操作，但在脱吸过程中，溶质组分在液相中的实际组成总是大于与气相成平衡的组成，因而脱吸过程的操作线总是位于平衡线的下方。换言之，脱吸过程的推动力应是吸收推动力的相反值。

四、实验装置和流程

1. 丙酮、空气-水吸收实验

（1）实验装置

主要设备：填料吸收塔，直径 $\Phi 35$ mm。

填料：陶瓷拉西环。

丙酮鼓泡容器，空气压缩机。

液封装置：为防止气相短路，需设置液封装置。

根据实验原理，欲求取传质吸收系数和回收率，需测取的原始数据有：气体进、出口浓度 y_1 和 y_2，气、液相流量 G, L 及气体压力 p，吸收剂进、出口温度 t_1 和 t_2，此外，还有吸收塔的直径和填料高度。

（2）丙酮、空气-水吸收实验流程图

实验流程图如图 5 - 16 所示。空气由空压机提供，气体压力由压力定值器调节至 0.02 MPa（表压），经气体转子流量计，通入丙酮容器，通过鼓泡，使丙酮汽化并与之形成混合原料气，经填料塔底部进入塔内与塔顶流下的液体逆流接触，贫气由塔顶出口排空。吸收剂为自来水，经转子流量计计量，通过电加热器，自吸收塔顶进入塔内，吸收后的富液经过液封装置流出。

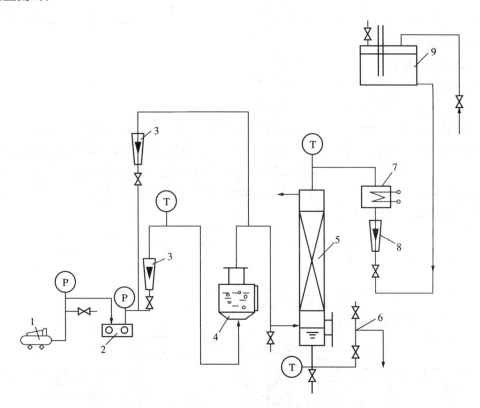

图 5 - 16　丙酮、空气—水吸收实验流程图

1—空气压缩机；2—气动压力定值器；3—气体转子流量计；4—鼓泡器；5—填料塔；
6—液封装置；7—电加热器；8—液体转子流量计；9—高位槽

2. 二氧化碳、空气-水吸收装置的操作

（1）实验装置

吸收塔：高效填料塔，塔径 100 mm，塔内装有金属丝网波纹规整填料或 θ 环散装填料，填料层总高度 2 000 mm。塔顶有液体初始分布器，塔中部有液体再分布器，塔底部有栅板式填料支承装置。填料塔底部有液封装置，以避免气体泄漏；

填料规格和特性：金属丝网波纹填料，型号为 JWB - 700Y，填料尺寸为 $\Phi100\times100$ mm，比表面积 700 m^2/m^3；

转子流量计的特性见表 5 - 3。

表 5-3 转子流量计的特性

介质	条件			
	最大流量	最小刻度	标定介质	标定条件
空气	4 m³/h	0.1 m³/h	空气	20℃,1.013 3×10⁵ Pa
CO₂	60 L/h	10 L/h	空气	20℃,1.013 3×10⁵ Pa
水	1000 L/h	20 L/h	水	20℃,1.013 3×10⁵ Pa

空气压缩机;

二氧化碳钢瓶;

气相色谱仪(型号:SP6800 或 SP2000)。

(2) 二氧化碳、空气-水吸收实验流程图

本实验装置流程如图 5-17 所示:由高位水槽来的水经离心泵加压后送入填料塔塔顶,经喷头喷淋在填料顶层。由压缩机送来的空气和由二氧化碳钢瓶来的二氧化碳混合后,一起进入气体中间贮罐,然后再直接进入塔底,与水在塔内进行逆流接触,进行质量和热量的交换,由塔顶出来的尾气放空,由于本实验为低浓度气体的吸收,所以热量交换可略,整个实验过程可以看成是等温操作。

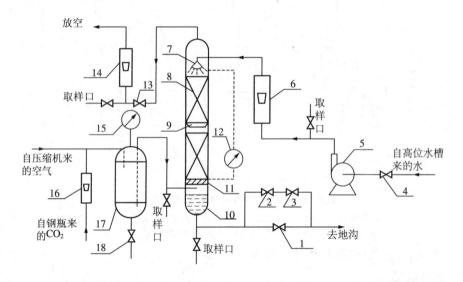

图 5-17 二氧化碳、空气—水吸收实验流程图

1,2—球阀;3—电磁阀;4—进水总阀门;5—离心泵;6,14,16—转子流量计;7—液体分布器;
8—填料;9—液体再分布器;10—塔体;11—填料支承板;12—压差传感器;
13—尾气放空阀;15—压力表;17—气体中间贮罐;18—冷凝水排放阀

3. 空气解吸水中二氧化碳装置的操作

(1) 实验装置

解吸塔:高效填料塔,塔径 100 mm,塔内装有金属丝网板波纹规整填料或 θ 环散装填料,填料层总高度 2 000 mm。金属丝网板波纹规整填料塔塔顶有液体初始分布器;环散装填料塔塔顶有液体初始分布器、塔中部有液体再分布器;塔内填料底部有栅板式填料支承装

置。填料塔底部有液封装置,以避免气体泄漏。

填料规格和特性:金属丝网波纹规整填料,型号 JWB－700Y,规格 $\varphi100\times100$ mm,比表面积 700 m^2/m^3。

转子流量计;

二氧化碳(CO_2)气敏电极;

低噪涡流风机:JW7122 型,风量 0～100 m^3/h,风压 14 kPa。

(2) 空气解吸水中二氧化碳实验流程图(图 5－18)

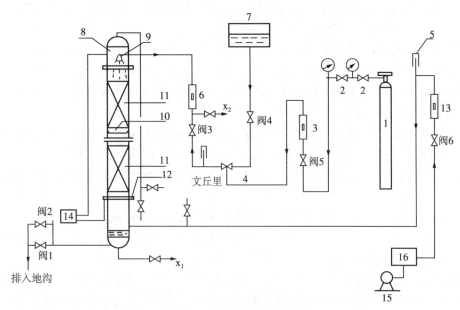

图 5－18　解吸装置流程图

1—二氧化碳钢瓶;2—二氧化碳减压阀;3—二氧化碳流量计;4—气液混合器;5—温度计;
6—水流量计;7—高位水塔;8—塔体;9—液体喷淋头;10—液体再分布器;11—填料;
12—气体取压均压环;13—空气流量计;14—1151 差压传感器;15—风机;16—空气缓冲器

五、实验操作

1. 丙酮、空气-水吸收装置的操作

① 实验操作时,先通入水,使塔内填料充分润湿。

② 检查丙酮汽化器中是否需要补充丙酮。

③ 调节气体压力定值器,使空气压力恒定在 0.02 MPa 左右。

④ 调节液封装置中的调节阀使吸收塔塔底液位处于气体进口处以下的某一固定高度。

⑤ 将空气和水的流量、液相和气相的温度调至适当数值。

⑥ 在系统稳定的条件下,用取样器抽取进、出口气体试样,用气相色谱仪分析其浓度。也可用取样器抽取进、出口液体试样,用阿贝折光仪测其折光指数,通过查丙酮水溶液的折光指数表,得出进、出口液体的浓度。

⑦ 实验结束时,先关闭吸收剂进口温度调节器、空气压缩机、空气计量流量计待温度降低后再关闭吸收剂计量流量计。

变一变：南京工业大学实验装置的操作

2. 二氧化碳、空气-水吸收装置的操作

（1）熟悉实验流程和弄清气相色谱仪及其配套仪器结构、原理、使用方法及其注意事项，检查各仪表开关阀门是否到位。

（2）装置上电，仪表电源上电，打开水泵电源开关。

（3）开启进水总阀，使水流量达到 400 L/h 左右，让水进入填料塔润湿填料。

（4）塔底液封控制：仔细调节液位阀门的开度，使塔底液位缓慢地在一段区间内变化，以免塔底液封过高溢满或过低而泄气。

（5）打开 CO_2 钢瓶总阀，并缓慢调节钢瓶的减压阀（注意减压阀的开关方向与普通阀门的开关方向相反，顺时针为开，逆时针为关），使其压力稳定在 0.2 MPa 左右。

（6）仔细调节空气流量阀至 4 m^3/h，并调节 CO_2 转子流量计的流量，使其稳定在120 L/h。

（7）仔细调节尾气放空阀的开度，直至塔中压力稳定在实验值。

（8）待塔操作稳定后，读取各流量计的读数及通过温度数显表、压力表读取各温度、压力，通过六通阀在线进样，利用气相色谱仪分析出塔顶、塔底气相组成。

（9）增大水流量值至 600 L/h，800 L/h，重复步骤（6）（7）（8），测定水流量增大对传质的影响。

（10）实验完毕，关闭 CO_2 钢瓶总阀，再关闭风机电源开关，关闭仪表电源开关，清理实验仪器和实验场地。

3. 空气解吸水中的二氧化碳解吸装置的操作

（1）启动设备前必须先搞清流程，检查各阀门的正确位置。

（2）弄清二氧化碳气敏电极及其配套仪器的结构、原理、使用方法及其注意事项。

（3）仪表上电：打开仪表电源开关。

（4）开启进水阀阀 4 和阀 3，调节水流量为 300 L/h，让水进入填料塔润湿填料。

（5）检查风机，若正常则启动风机按钮，调节空气流量，使流量为 3~4 m^3/h。

（6）塔底液封调整至某一高度，观察塔内气液流动状况，在操作过程中，应随时注意调整液封高度，以免塔底液封过高而满溢或过低而泄气。

（7）开二氧化碳钢瓶总阀至最大，调整减压阀（注意减压阀的开关方向与普通阀门的开关方向相反，顺时针为开，逆时针为关），使二氧化碳流量达到某一值，即能观察到有机玻璃制成的气液混合器有气泡进入就行，不能过量，否则会造成水流的不连续流动等不稳定现象，无法计量和进行正常的操作。

（8）待塔操作稳定后（约 10~15 min），读取各温度计和流量计读数。

（9）用 CO_2 气敏电极分析仪分析进、出塔水中的 CO_2 浓度。

（10）固定空气流量，改变液体喷淋量，重复（7）（8）步骤。

（11）实验完毕，置各阀门、开关于正常位置，清理实验仪器和实验场地。

六、实验注意事项

1. 丙酮、空气-水吸收实验注意事项

(1) 启动风机前先关闭空气流量计的阀门。

(2) 调节液封装置中的调节阀使吸收塔塔底的液位处于气体进口处以下的某一固定高度。

(3) 在整个实验过程中,保持压力定值器至刻度为 0.02 MPa。

(4) 在填料塔操作条件改变后,需要有较长的稳定时间,待稳定 10 min 以上,方可同时采集实验数据,先测出口气体,后测进口气体。

(5) 保持汽化空气流量计的刻度不变。

(6) 空气流量计校正,其校正公式为 $\dfrac{G}{G_N}\sqrt{\dfrac{P_N(P_f-P)}{P(P_f-P_N)}} \approx \sqrt{\dfrac{P_N}{P}} = \sqrt{\dfrac{P_N T}{T_N P}}$。

2. 二氧化碳、空气-水吸收实验注意事项

(1) 固定好操作点后,应随时注意调整以保持各量不变。

(2) 先开风机再开水泵。

(3) 在填料塔操作条件改变后,需要有较长的稳定时间,一定要等到稳定以后方能读取有关数据。

3. 空气解吸水中二氧化碳实验注意事项

(1) 固定好操作参数后,应随时注意调整以保持各量不变。

(2) 在填料塔操作条件改变后,需要有较长的稳定时间,一定要等到稳定以后方能读取有关数据。

(3) 由于 CO_2 在水中的溶解度很小,因此,在分析组成时一定要仔细认真,这是做好本实验的关键。

七、实验数据处理与分析要求

1. 丙酮、空气-水吸收实验

(1) 数据记录表

装置号_____;塔径_____;填料高度_____;填料类型_____;
色谱系数_____;大气压_____;定值器压力_____;室温_____。

No	V_1气量 /(m³/h)	V_2水量 /(L/h)	液相进口温度 /℃	液相出口温度 /℃	气相进口 峰高	气相出口 峰高
1						
2						
3						
4						
5						
6						

（2）数据处理和分析要求

计算气相总传质单元数和气相总传质系数，分析并讨论液相流量、气相流量、液相进口温度的变化对气相出口浓度和效率的影响。

2. 二氧化碳、空气-水吸收实验

（1）数据记录表

实验次数	气量 V_1 /(m³/h)	水量 V_2 /(L/h)	y_1（质量分数）	y_2（质量分数）	气温 T_1	液温 T_2
1						
2						
3						

计算结果：

塔底液相组成_____％；塔顶液相组成_____％；液相总传质单元数_____；液相总传质系数_____ kmol/(m³/h)。

（2）数据处理和分析要求

计算塔底和塔顶液相组成，液相总传质单元数和液相总传质系数，分析并讨论液相流量、气相流量、气相温度和液相温度的变化对气相出口浓度和效率的影响。

3. 空气解吸水中二氧化碳实验

（1）数据记录表

装置号_____；电极_____（电极参数 $A=$ _____ ，$B=$ _____ ）

电极号	气量 V_1 /(m³/h)	水量 V_2 /(L/h)	塔底 /mV	塔顶 /mV	气温 T_1	液温 T_2

（2）数据处理和分析要求

在双对数坐标纸上绘图表示二氧化碳解吸时体积传质系数、传质单元高度与液体流量的关系。

（3）实验数据记录及数据处理示例

八、思考题

（1）吸收操作与调节的三要素是什么？它们对吸收过程的影响如何？

（2）从实验结果分析水吸收丙酮是气膜控制过程还是液膜控制过程？

（3）填料吸收塔为什么必须有液封装置？液封装置是如何设计的？

（4）当气体温度和液体温度不同时，应用什么温度计算亨利系数？

（5）为什么二氧化碳解吸过程属于液膜控制？

（6）如何校正空气流量计？

九、参考文献

［1］夏清,陈常贵. 化工原理(下册)[M]. 天津:天津大学出版社,2005.

[2] 史贤林,田恒水,张平. 化工原理实验[M]. 上海:华东理工大学出版社,2005.

表 5-4　丙酮-空气混合气体中丙酮的饱和浓度数据(压强为 1.23×10^5 Pa)

空气温度 t/℃	0	10	15	20	25	30	35	40
丙酮饱和浓度 y/%	8.5	11.4	14.6	17.9	24.4	30.9	38.2	46.3

表 5-5　丙酮的平衡溶解度

液相浓度 x	平衡分压/kPa				
	10℃	20℃	30℃	40℃	50℃
0.01	0.906	1.599	2.706	4.399	7.704
0.02	1.799	3.066	4.998	7.971	12.129
0.03	2.692	4.479	7.131	11.063	16.528
0.04	3.466	5.705	8.997	13.862	20.660
0.05	5.185	6.838	10.796	16.528	24.525
0.06	4.745	7.757	12.263	18.794	27.724
0.07	5.318	8.664	13.596	20.926	30.923
0.08	5.771	9.431	14.928	22.793	33.722
0.08	6.297	10.197	16.128	24.525	36.255
0.10	6.744	10.980	17.061	26.528	38.654

上表数据可拟合得到如下算式:

$$p^* = (-0.434\,48 + 144.222x - 471.851\,8x^2)$$

$$(4.500\,47 + 0.455t - 1.596\,2 \times 10^{-3}t^2 + 5.533\,8 \times 10^{-4}t^3)^{e(-0.146\,21 - 1.766\,4x)}$$

上式的标准误差为 9.03%。考虑到气体吸收计算采用 $y* = mx$ 的关系式,在液相浓度较低时,可得到表 5-6 数据:

表 5-6　数据记录

液相浓度 x	平衡常数 m				
	10℃	20℃	30℃	40℃	50℃
0.01	0.894	1.58	2.67	4.34	6.81
0.02	0.888	1.51	2.47	3.93	5.98
0.03	0.886	1.47	2.35	3.64	5.44
0.04	0.855	1.41	2.22	3.42	5.11

从上列数据中看出,平衡常数 m 随温度的变化较大,随组成的变化较小,可认为在浓度很低时,m 仅为温度的函数,服从亨利定律。

§5.8 干燥速率曲线的测定

一、实验内容

(1) 熟悉流化床干燥器或常压洞道式(厢式)干燥器的构造和操作。
(2) 测定干燥曲线和干燥速率曲线。

二、实验目的

(1) 掌握测定物料干燥速率曲线的工程意义。
(2) 熟悉实验干燥设备的流程、工作及实验组织方法。
(3) 了解影响干燥速率曲线的因素。

三、实验原理

干燥是利用加热的方法使水分或其他溶剂从湿物料中汽化,除去固体物料中湿分的操作。干燥是指采用某种方式将热量传给湿物料,使其中的湿分(水或者有机溶剂)汽化分离的单元操作。干燥在化工、医药、食品等行业有着广泛的应用。

干燥的目的是使物料便于运输、贮藏、保质和加工利用。本实验的干燥过程属于对流干燥,包括两个基本的传递过程。传热过程中热气流将热能传至物料,再由物料的表面传至物料的内部。传质过程中水分从物料内部以液态或气态扩散,并透过物料层而到达物料表面,再通过物料表面的气膜扩散到热气流的主体。由此可见,干燥操作具有热质同时传递的特征。为了使水汽离开物料表面,热气流中的水汽分压应小于物料表面的水汽分压。干燥过程涉及气、固两相间的传热和传质,同时也涉及湿分自物料内部向表面传质,这一机理比较复杂。目前对干燥机理的研究也还不够充分,没有成熟的理论方法和公式计算干燥速率,干燥速率的数据还主要依靠实验。

若将湿物料置于一定的干燥条件下,例如一定的温度、湿度和气速的空气流中,测定被干燥物料的重量和温度随时间的变化关系,则得如图 5-19 所示的曲线,即物料含水量-时间曲线和物料温度-时间曲线。干燥过程分为三个阶段:Ⅰ 为物料预热阶段,Ⅱ 为恒速干燥阶段,Ⅲ 为降速阶段。图中 AB 和 $A'B'$ 段处于预热阶段,将空气中的部分热量用来加热物料,故物料含水量和温度均随时间变化不大(即 $dX/d\tau$ 较小)。在随后的第 Ⅱ 阶段 BC 和 $B'C'$,由于物料表面存在自由水分,物料表面温度等于空气的湿球温度 t_w,传入的热量只用来蒸发物料表面的水分,物料含水量随时间成比例减少,干燥速率恒定且较大(即 $dX/d\tau$ 较大)。到了第 Ⅲ 阶段,物料中含水量减少到某一临界含水量时,由于物料内部水分的扩散慢于物料表面水分的蒸发,不足以维持物料表面保持润湿,则物料表面将形成干区,干燥速率开始降低,含水量越小,速率越慢,干燥曲线 CD 和 $C'D'$ 逐渐达到平衡含水量 X^* 而终止。在降速阶段,随着水分汽化量的减少,传入的显热较汽化带出的潜热为多,热空气中部分热量用于加热物料。物料温度开始上升,Ⅱ 与 Ⅲ 交点处的含水量称为物料的临界含水量 X_c,在图 5-19 中物料含水量曲线对时间的斜率就是干燥速率 U,对干燥速率 U 对物料含水量进行标绘可得如图 5-20 所示的干燥速率曲线。干燥速率曲线只能通过实验测得,因为干燥速率不仅取决于空气的性质和操作条件,而且还受物料性质、结构以及所含水分性质的影响。

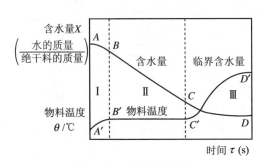

图 5-19 干燥曲线图

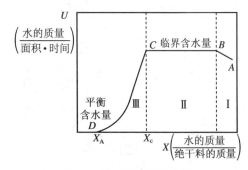

图 5-20 干燥速率曲线

干燥速率为单位时间内在单位面积上汽化的水分质量,用微分式表示,单位为 $kg/m^2 \cdot s$。

$$U = \frac{dw}{A d\tau} \tag{5-81}$$

式中:U—— 干燥速率 ,$kg/(m^2 \cdot s)$;

　　　A——干燥表面积 ,m^2;

　　　$d\tau$——相应的干燥时间,s;

　　　dw——汽化的水分量,kg。

因为

$$dw = -G_c dx$$

故式(5-78)可改写为

$$U = \frac{dw}{A d\tau} = -\frac{G_c dX}{A d\tau} = \frac{G_c \Delta X}{A \Delta \tau} \tag{5-82}$$

式中:G_C——湿物料中绝干物料的质量,kg;

　　　X——湿物料干基含水量,X=水的质量/绝干料的质量。

通过实验,测得 ΔX,$\Delta \tau$ 即可求出 U。以 U 为纵坐标,湿物料的干基含水量 X 为横坐标,即可绘出干燥速率曲线。

四、实验装置和流程

目前干燥实验装置主要有两种:流化床干燥和常压洞道式(厢式)干燥。

1. 流化床干燥

(1) 装置流程

由鼓风机输送的空气流,经转子流量计计量和电加热器预热后,通过流化床的空气预分布板与在床层中的湿硅胶进行流化接触和干燥,废气自干燥器顶部排出,并经袋滤器脱除其中的微粒后排空,样品借助于安装在床层中部的“推拉式”取样器采集。流化床干燥实验的装置流程图如图 5-21 所示。

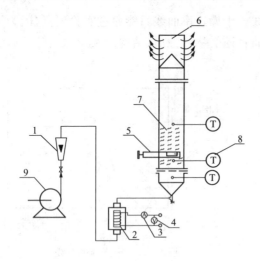

图 5‑21　流化床干燥实验装置图

1—气体流量计；2—加热器；3—电流表；
4—电压表；5—取样器；6—过滤袋；
7—硅胶颗粒；8—温度计；9—风机

图 5‑22　常压洞道式（厢式）干燥装置流程图

1—风机；2—管道；3—孔板流量计；4—加热器；5—厢式
干燥器；6—气流均布器；7—称重传感器；8—湿毛毡；
9—玻璃视镜门；10—仪控柜；11—蝶阀

（2）主要设备和仪表

流化床干燥器；空气源；转子流量计；空气电加热器；固态继电器控温仪表系统；水银玻璃温度计；电热烘箱；电子天平（精度 0.000 1 g）。

2. 常压洞道式（厢式）干燥

（1）装置流程

将空气用风机送入电加热器，经加热的空气流入干燥室，加热干燥室中的湿毛毡后，经排出管道排入大气中。随着干燥过程的进行，物料失去的水分量由称重传感器和智能数显仪表记录下来。常压洞道式（厢式）干燥实验装置如图 5‑22 所示。

（2）主要设备及仪器

鼓风机：BYF7122,370 W；电加热器：4 kW；干燥室：180 mm×180 mm×1 250 mm；干燥物料：湿毛毡；称重传感器：LVDT‑5 型；孔板流量计。

五、实验操作

1. 流化床干燥实验的操作

（1）在实验操作前从加水口加入220～250 mL水，系统同时通入常温空气，使加入的水充分均匀地分散在硅胶表面。（这一步由准备老师完成）

（2）先开微型气泵，然后调节空气流量计至 14～16 m³/h 任何一恒定值。

（3）开启空气加热电闸，调节变压器电压至 120～150 V，打开进入系统的空气阀门。

（4）仔细观察进口温度与床层温度的变化，待床层温度升至 40℃，即开始取第一个样品，此时的时间设定为 0，并控制好以后每个样品的热空气进口温度都保持在第一个样品取样时的热空气进口温度。进口温度控制恒定与否是本次实验的难点。

（5）通常取第一个样品时，将电压微微调小 5 V 左右，因为加热有滞后现象。

（6）实验布点采用先密后疏原则。

2. 常压洞道式(厢式)干燥实验的操作

(1) 开启风机。

(2) 打开仪控柜电源开关,加热器通电加热,干燥室温度(干球温度)要求恒定在70℃。

(3) 在干燥厢后给湿球温度加水,约30 g。

(4) 将毛毡加入一定量的水并使其润湿均匀,注意水量不能过多过少(约8 g)。

(5) 当干燥室温度恒定在70℃时,将湿毛毡十分小心地放置于称重传感器上。注意不能用力下压,称重传感器的负荷仅为200 g,超过200 g 称重传感器会被损坏。

(6) 记录时间和脱水量,每分钟记录一次数据;每 5 min 记录一次干球温度和湿球温度。

(7) 待毛毡恒重时,实验结束,关闭仪表电源,十分小心地取下毛毡。

(8) 关闭风机,切断总电源,清扫实验现场。

六、实验注意事项

1. 流化床干燥实验

(1) 注意压差计读数,勿使测压指示液冲出。

(2) 加水的流速不能过大,同时保持取样器至拉出位置。

2. 常压洞道式(厢式)干燥实验

(1) 必须先开风机,后开加热器,否则,加热管可能会被烧坏。

(2) 传感器的负荷量仅为200 g,放取毛毡时必须十分小心以免损坏称重传感器。

七、实验数据处理与分析要求

1. 数据记录表及数据处理

(1) 流化床干燥

装置号:＿＿＿＿＿＿;塔径:＿＿＿＿＿＿;床层高度:＿＿＿＿＿＿;物料品种:＿＿＿＿＿＿;
空气流量:＿＿＿＿＿＿;室温:＿＿＿＿＿;物料尺寸:＿＿＿＿＿＿;空气湿度:＿＿＿＿＿＿。

序号	时间间隔/min	床层温度/℃	空瓶＋湿物的质量/g	空瓶＋干物的质量/g	空瓶质量/g	空气进口的温度/℃	空气出口的温度/℃

数据处理表

序号	时间/min	床层温度/℃	水分质量/g	干物质量/g	含水率/[kg$_水$/(kg$_干$·min)]	干燥速率	热效率/%

（2）常压洞道式（厢式）干燥

实验装置：_____，湿毛毡（干燥面积_____，绝干质量_____ g）

实验时间 t/min	失水量 w/g	实验时间 t/min	失水量 w/g

2. 数据分析要求

（1）绘制干燥曲线（失水量与时间的关系曲线）。

（2）根据干燥曲线作干燥速率曲线。

（3）读取物料的临界湿含量。

（4）对实验结果进行分析讨论。

3. 实验数据记录及数据处理示例

八、思考题（根据不同的实验装置选择）

（1）分别指出物料处于预热阶段、恒速干燥阶段和降速干燥阶段的床层温度、时间区间。

（2）实验测定的临界含水率为多少？影响它的主要因素是什么？

（3）实验中为什么要控制热空气进口条件恒定？

（4）为什么在操作中要先开鼓风机送气，而后再开电热器？

（5）毛毡含水是什么性质的水分？

（6）实验过程中干、湿球温度计是否变化？为什么？

（7）恒定干燥条件是指什么？

（8）如何判断实验已经结束？

九、参考文献

[1] 陈敏恒,丛德滋,方图南,齐鸣斋. 化工原理[M].北京:化学工业出版社,2002.

§5.9　液液萃取的操作实验

一、实验目的

（1）了解液液萃取原理和实验方法。

（2）了解转盘萃取塔的结构、操作条件和控制参数。

（3）掌握评价传质性能的传质单元数和传质单元高度的测定和计算方法。

二、实验原理

与精馏一样,液液萃取也是分离液体混合物的一种单元操作。吸收操作是利用气体各组分在溶剂中溶解度的差异,对气体混合物进行分离。基于同样的原理,可利用液体各组分在溶剂中溶解度的差异,以分离液体混合物,这就是液液萃取,简称萃取。

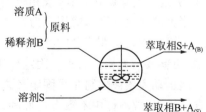

图 5 - 23　单级萃取过程示意图

萃取的基本过程如图 5 - 23 所示。原料中含有溶质 A 和溶剂 B,为使 A 与 B 尽可能地分离完全,需选择一种溶剂,称为萃取剂 S,要求它对 A 的溶解能力要大,而与原溶剂(或称为稀释剂)B 的相互溶解度则越小越好。萃取的第一步是使原料与萃取剂在混合器中保持密切接触,溶质 A 通过两液相间的界面由原料液向萃取剂中传递。在充分接触、传质之后,第二步是使两液相在分层器中因密度的差异而分为两层。一层以萃取剂 S 为主,并溶有较多的溶质 A,称为萃取相;另一层以原溶剂 B 为主,还含有未被萃取完的部分溶质 A,称为萃余相。

由于在液-液系统中,两相间的密度差较小,界面张力也不大,所以从过程进行的流体力学条件看,在液-液的接触过程中,能用于强化过程的惯性力不大。为了提高液-液相传质设备的效率,常常从外界向体系外加能量,如搅拌、脉动、振动等,本实验采用的转盘萃取塔属于搅拌。

与精馏和吸收过程类似,由于过程的复杂性,过程也被分解为理论级和级效率,或者传质单元数和传质单元高度。对于转盘萃取塔、振动萃取塔这类微分接触萃取塔的传质过程,一般采用传质单元数和传质单元高度来表征塔的传质特性。

萃取相传质单元数 N_{OE} 表示分离过程的难易程度。对于稀溶液,近似用下式表示:

$$N_{OE} = \int_{x_2}^{x_1} \frac{\mathrm{d}x}{x - x^*} = \ln \frac{x_1 - x^*}{x_2 - x^*} \qquad (5-83)$$

式中:N_{OE}——萃取相传质单元数;

　　　x——萃取相的溶质浓度(物质的量分数,下同);

　　　x^*——溶质平衡浓度;

　　　x_1,x_2——分别表示萃取相进塔和出塔的溶质浓度。

萃取相的传质单元高度用 H_{OE} 表示:

$$H_{OE} = H/N_{OE} \qquad (5-84)$$

式中:H——塔的有效高度/m。

传质单元高度 H_{OE} 表示设备传质性能的优劣。H_{OE} 越大,设备效率越低。影响萃取设备传质性能的因素很多,主要有设备结构因素、两相物性因素、操作因素以及外加能量的形式和大小。

三、实验装置和流程

1. 实验装置

本实验装置为转盘式萃取塔,转盘式萃取塔是一种效率比较高的液-液萃取设备。在塔的内壁从上到下装设有一组等距离的固定环,塔的轴线上装设有中心转轴,轴上固定着一组水平圆盘,每转盘都位于两个相邻固定环的正中间。操作时,转轴由电动机驱动,连带转盘旋转,使两液相也随着转动。两液流相中因而产生相当大的速度梯度和剪切应力,一方面使连续相产生旋涡运动,另一方面也促使分散相的液滴变形、破裂及合并,故能提高传质系数、更新及增大相界面。固定环则起到抑制轴向返混的作用,使旋涡运动大致被限制在两固定环之间的区域。转盘和固定环都较薄而光滑,故液体中不致有局部的高应力区,能避免乳化现象的产生,有利于轻重液相的分离。

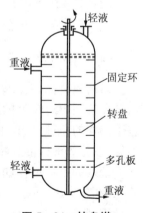

图 5-24　转盘塔

实验的转盘塔塔身由玻璃制成,转轴、转盘、固定盘由不锈钢制成。转盘塔上下两端各有一段澄清段,使每一相在澄清段有一定的停留时间,以便两液相的分离。在萃取区,一组转盘固定在中心转轴上,转盘有一定的开口,沿塔壁则固定着一组固定圆环盘,转轴由在塔顶的调速电机驱动,可以正反两个方向调解速度。分散相(油相)被转盘强制性混合搅拌,使其以较小的液滴分散在连续相(水)中,并形成强烈的湍动,促进传质过程的进行。

2. 实验流程

实验中将含有苯甲酸的煤油从油循环槽经油泵通过转子流量计打入转盘塔底部,由于两相的密度差,煤油从底部往上逐渐运动到塔顶。在塔的上部设置一澄清段,以保证有足够的保留时间,让分散的液相凝聚,实现两相分离。经澄清段分层后,油相从塔顶出口排出返回到油循环槽。水相经转子流量计进入转盘塔的上部,在重力的作用下从上部往下与煤油混合液逆流接触,在塔底澄清段分层后排出。在塔中,水和含有苯甲酸的煤油在转盘搅拌下被充分混合,利用苯甲酸在两液相之间不同的平衡关系,实现苯甲酸从油相转移到水相中,即以水为溶剂,萃取煤油中的苯甲酸。

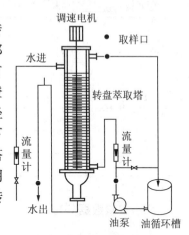

图 5-25 转盘塔萃取实验流程

四、实验步骤及分析方法

1. 实验步骤

(1) 配制标准 NaOH 溶液(浓度大约为 0.03 mol/L)。

(2) 将一定量的苯甲酸溶于煤油中,在油循环槽中通过油泵搅拌使煤油中苯甲酸的浓度均匀。

(3) 取 10 mL 循环槽中的煤油,放入烧杯,再加入 40 mL 水,经 30 min 搅拌后,在分液漏斗中静置 20 min,取下层水 20 mL,测定出苯甲酸的平衡浓度。

(4) 开启水阀,水由下部进入转盘塔。待水灌满塔后,开启油泵,通过阀门调节流量,将煤油送入转盘塔上部。调节萃取剂(水)与混合液(煤油)流量之比为 4∶1(建议水相流量为 20 L/h,油相流量为 5 L/h),转速调节到 500 r/min 左右,正转。

(5) 观测塔中两相的混合情况,每隔半小时进行取样分析,直到出水口中苯甲酸的浓度趋于稳定为止。

(6) 测定出水口的温度(视为实验体系温度)。

(7) 实验完毕,关闭电源,将塔中和循环槽的煤油和水放尽。

(8) 整理所记录的实验数据,进行处理。

2. 分析方法

本实验的分析方法采用化学酸碱滴定法。用配制好的氢氧化钠滴定苯甲酸在水和油中的浓度。用酚酞做指示剂,在滴定的过程中,当溶液恰好变为粉红色,摇晃后不再褪色时即达到滴定终点。本实验中需分别测定出水塔中苯甲酸的浓度和操作温度下苯甲酸的平衡浓度,并由此推算出塔的传质单元高度。

实验药品:苯甲酸(分析纯),煤油,氢氧化钠(分析纯),指示剂为酚酞。

实验仪器:分析天平,磁力搅拌器,分液漏斗(250 mL),容量瓶(500 mL)1 个,锥形瓶(100 mL)2 个,移液管(10 mL)3 根,碱式滴定管(50 mL)1 根。

五、实验数据记录

塔高:_____m;体系温度:_____℃;萃取相:_____;萃余相:_____;
水流量:_____L/h;油流量:_____L/h;氢氧化钠浓度 x_{NaOH}＝_____mol/L。

序号	操作参数				滴定的 NaOH 体积(mL)	
	流量/(L/h)		累计时间	转速	出水塔	平衡时
	$V_水$	$V_油$	/min	/(r/min)	$\Delta V_{1\,NaOH}$	$\Delta V_{2\,NaOH}$
1						
2						
3						

六、实验数据处理

1. 苯甲酸浓度的计算

进塔水中苯甲酸的浓度: $x_1＝0$。

出塔水中苯甲酸的浓度: $x_2＝\Delta V_1 \cdot x_{NaOH}/20$。

苯甲酸平衡时的浓度: $x^*＝\Delta V_2 \cdot x_{NaOH}/20$。

2. 传质单元数及传质单元高度的计算

用上面计算得到的各浓度代入下式可求得:

传质单元数
$$N_{OE}=\int_{x_2}^{x_1}\frac{\mathrm{d}x}{x-x^*}=\ln\frac{x_1-x^*}{x_2-x^*}$$

传质单元高度
$$H_{OE}=H/N_{OE}$$

3. 实验数据记录及数据处理示例

七、实验结果分析和思考题

(1) 转速和油水流量比对萃取过程有何影响?

(2) 在本实验中水相是轻相还是重相,是分散相还是连续相?

(3) 转轴的正转和反转对实验是否有影响?

(4) 在本实验中分散相的液滴在塔内是如何运动的?

(5) 传质单元数与哪些因素有关?

八、注意事项

(1) 在实验过程中如转轴发生异常响动,应立即切断电源,查找原因。

(2) 实验过程中应注意流量计的波动。

(3) 注意观察实验过程中塔内的油水分层液面的合适位置。

(4) 由于流量计读数是在20℃下用水标定的,所以温度相差较大时,流量计的读数需要校正。

(5) 实验中注意全塔的物料平衡。

第6章 拓展实验

§6.1 膜分离实验

一、实验内容

（1）通过实验确定操作压力、操作时间对截留率及膜渗透通量的影响，提出实现单组分或多组分有效分离时的最优操作压力。

（2）确定简单而有效的清洗方法清洗膜组件。

二、实验目的

（1）学会独立设计实验方案，组织并实施实验。

（2）掌握评价膜性能的方法，确定操作压力、操作时间对截留率及膜渗透通量的影响，提出实现单组分或多组分有效分离时的最优操作压力。

（3）掌握膜分离的基本原理及实验技能。

（4）掌握电导率仪、紫外分光光度计等检测方法。

三、实验原理

1. 膜分离的基本特征

膜分离技术作为当代新型高效的分离技术，与传统的分离技术相比，具有高效、节能、过程易控制、操作方便、环境友好、便于放大的特点，特别是易于进行催化反应及其他工艺集成等优点。因此，膜分离技术已成为解决当代人类所面临的环境污染、能源短缺、资源浪费和传统技术改造等重大问题的重要新技术之一。

在膜分离的过程中，以对组分具有选择透过功能的膜为分离介质，通过在膜两侧施加（或存在）某种推动力（如压力差、浓度差、电位差等），使原料中的某组分选择性地优先透过膜，实现双组分或多组分的溶质与溶剂的分离，从而达到混合物的分离，并实现产物的提取、浓缩、纯化的目的。膜分离法可以用于液-固（液体中的超细微粒）分离、液-液分离、气-气分离以及膜反应分离耦合和集成分离技术等方面。其中液-液分离包括水溶液体系、非水溶液体系、水溶胶体系以及含有微粒的液相体系的分离。

目前，已经工业化的膜分离过程包括微滤（MF）、反渗透（RO）、纳滤（NF）、超滤（UF）、渗析（D）、电渗析（ED）、气体分离（GS）和渗透汽化（PV）等，而膜蒸馏（MD）、膜基萃取、膜基吸收、液膜、膜反应器和无机膜的应用等则是目前膜分离技术研究的热点。其中，微滤、超滤、纳滤和反渗透都是以压力差为推动力的膜分离过程，当在膜两侧施加一定的压力差作为推动力时，可使一部分溶剂及小于膜孔径的组分透过膜，而大于膜孔径的微粒、大分子、盐等被膜截留下来,从而达到分离的目的。它们的主要区别在于所采用的膜的结构与性能及分离物粒子或分子的大小不同。微滤膜的孔径范围为 $0.05\sim10~\mu m$,所施加的压力差为 $0.05\sim0.20~MPa$;超滤分离的组分是大分子溶质或直径不大于 $0.2~\mu m$ 的微粒,其压差范围约为 $0.2\sim1.0~MPa$;反渗透常被用于截留溶液中的盐或其他小分子物质,所施加的压差与溶液中溶质的相对分子质量及浓度有关,通常的压差在 $2~MPa$ 左右,也可高达 $15~MPa$;纳滤介于反渗透与超滤之间,一般用于分离溶液中相对分子质量为 200 以上的物质,膜的操作压差通常比反渗透低,一般在 $0.5\sim2.0~MPa$ 范围内。

影响膜分离过程的主要因素有以下三点。

(1) 膜材料。膜的亲疏水性和电荷性会影响膜与溶质之间的作用力大小。

(2) 膜孔径。膜孔径的大小直接影响膜通量和膜的截留率,一般来说在不影响截留率的情况下应尽可能选取膜孔径较大的膜,这样有利于提高膜通量。

(3) 操作条件(压力和流量)。

另外料液本身的一些性质如溶液的 pH、盐的浓度、温度等都对膜通量和膜的截留率有较大的影响。

2. 膜分离性能的表示方法

膜的性能指标主要包括膜的物化特性和膜的分离特性。膜的分离特性一般用分离效率和渗透通量描述,可通过实验测定。

(1) 分离效率

在微滤、超滤、纳滤和反渗透过程中,脱除溶液中蛋白质分子、糖、盐等的分离效率可用脱除率或截留率(R)表示,定义为

$$R=\frac{c_w-c_p}{c_w}\times100\%\qquad\qquad(6-1)$$

式中:R——截留率;

　　　c_w——高压侧膜与溶液的界面浓度;

　　　c_p——膜的透过液浓度。

而通常,实际测定的是溶质的表观截留率,定义为

$$R_E=\frac{c_b-c_p}{c_b}\times100\%\qquad\qquad(6-2)$$

式中:R_E——表观截留率;

　　　c_b——溶质主体溶液的浓度;

　　　c_p——膜的透过液的浓度。

(2) 渗透通量

膜的渗透通量通常用单位时间内通过单位膜面积的透过物的量 J_w 表示,

$$J_w=\frac{V}{St}\qquad\qquad(6-3)$$

式中:V——透过液的体积,mL;

　　　S——膜的有效面积,cm^2;

　　　t——运行时间,h;

　　　J_w——渗透通量,$mL/(cm^2 \cdot h)$。

3. 膜污染的防治

膜污染是指待处理物料中的微粒、胶体粒子或溶质大分子与膜产生物化作用或机械作用,在膜表面或膜孔内吸附、沉积造成膜孔径变小或堵塞,从而产生膜通量下降、分离效率降低等不可逆变化。

膜污染可分为两大类。一类是可逆膜污染,比如浓差极化,可通过流体力学条件的优化以及回收率的控制来减轻和改善。另一类为不可逆膜污染,是通常所说的膜污染,这类污染可由膜表面的电性及吸附引起或由膜表面孔隙的机械堵塞而引起。这类污染目前尚无有效的措施进行改善,只能靠水质的预处理或通过抗污染膜的研制及使用来加以延缓其污染速度。

对于膜污染,一旦料液与膜接触,膜污染随即开始。膜污染对膜性能的影响相当大,与初始纯水渗透通量相比,可降低 20%～40%,污染严重时能使通量下降 80% 以上。膜污染不仅降低了膜的性能,而且缩短了膜的使用寿命。因此,必须采取相应的措施延缓膜污染的进程。如对膜进行及时清洗,包括物理清洗、化学清洗。清洗剂的选择决定于污染物的类型和膜材料的性质。

四、实验装置与流程

1. 工艺流程

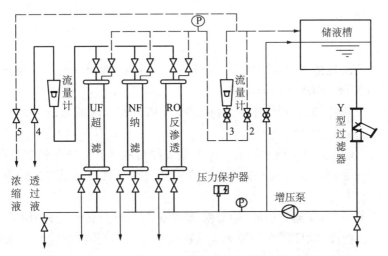

图 6-1　超滤、纳滤、反渗透组合膜分离装置工艺流程示意图

1—泵旁路阀;2—浓液旁路阀;3—浓液流量阀;4—膜透过液阀;5—膜浓缩液阀

超滤、纳滤、反渗透组合膜分离装置的工艺流程如图 6-1 所示。本装置将超滤、纳滤、反渗透三种卷式膜组件并联于系统,根据分离要求选择不同膜组件单独使用,适用范围广,其组合膜过程可分离分子量为几十的离子物质到分子量为几十万的蛋白质分子。本装置设计紧凑,滞留量小,系统允许的压力范围为 0～1.6 MPa。超过 1.6 MPa 时,为保护膜组件及设备,压力保护器会切断输液泵电流,实际操作时还应参考相应膜组件的操作压力范围。该装置为中试型实验装置,既可作为膜分离放大工艺的实验设备,也可作为小批量生产设备使用。

2. 主要设备

原料储槽:容积 60 L,材质 ABS 工程塑料。

Y 型预过滤器:材质工程塑料,进口。

增压泵:型号 FLUID - O - TECH 1533,进口。

压力控制器:型号 Fannio FNC - K20。

2521 型超滤、纳滤、反渗透膜组件:美国原装进口,性能见表 6 - 1。

表 6 - 1　膜组件的性能

膜组件	规　格	纯水通量/(L/h)	面积/m²	压力范围/MPa	分离性能
反渗透	2521	40～50	1.1	≤1.5	除盐率 98%
纳滤	M - N2521A3	40～50	1.1	≤1.0	二价盐除盐率 98% 一价盐除盐率 50%
超滤	M - U2521PES10	40～50	1.1	≤0.5	截留分子 10000,截留率 90%

膜壳:2521 型不锈钢,进口。

电导仪:型号 CM - 230,在线检测仪。

流量计:规格 10～100 L/h 和 1～7 L/min,面板式有机玻璃转子流量计。

管道及阀门:进口 UPVC。

不锈钢电控柜及不锈钢支架。

五、实验步骤

1. 实验准备

(1)用清水清洗储槽内壁和储槽下 Y 型过滤网,然后在储槽内注入一定量的清水,清洗系统及膜组件保护液,时间为 10 min。

(2)首次使用膜组件时,用低压清水($p \leqslant 0.2$ MPa)清洗,时间为 20～30 min,去除其中的防腐液。

(3)配制 2.5 g/L 大豆蛋白水溶液,5 g/L 葡萄糖溶液,5 g/L 氯化钠溶液和乳清废水约 50 L(2.5 g/L 大豆蛋白,5 g/L 葡萄糖,5 g/L 氯化钠),待处理液需微过滤处理,去除机械杂质,防止损坏膜组件。

(4)通过查阅资料,了解蛋白质、葡萄糖、氯化钠浓度的分析方法;采用考马斯亮蓝 G - 250 法检测蛋白质浓度,糖度旋光仪检测葡萄糖的浓度,电导检测氯化钠的浓度,建立浓度标准曲线。

2. 实验操作

(1)关闭系统排空阀,打开待用膜组件的料液进出口阀(其余膜组件阀关闭),打开泵回路阀、浓液旁路阀、浓液流量阀、透过液阀、浓缩液阀。

(2)将待处理料液加入储槽,然后接通电源,开启输液增压泵,料液正常循环后(注意排气),逐步关闭泵回路阀和浓液旁路阀。

(3)膜组件性能的测定。逐步调节浓液流量阀,在膜组件的允许范围内调节操作压力到所需值,分别测定超滤、纳滤和反渗透膜组件性能,为保证原料液的浓度不变,应关闭浓缩液出口阀,使浓缩液返回储槽,同时用橡皮软管将透过液返回到储槽中。稳定操作 5 min 后取样分析,取 30 mL 透过液分析溶质浓度、记录透过液流量。取样后,继续调节浓液流量阀,测定下一个操作压力时透过液浓度及流量,或者在该操作压力下测定下一个时刻透过液流量。

超滤:分离 2.5 g/L 大豆蛋白水溶液,在 0～0.5 MPa 内调节操作压力,测定 4～5 个不同压力(膜进口压力)下超滤膜的截留率、渗透通量。在某一压力下,0～120 min 内测定 4～5 个不同时刻超滤膜的渗透通量。建立 p-r,p-J,J-t 关系曲线,确定超滤膜分离适宜的操作压力 p_1。

纳滤:分离 5 g/L 葡萄糖溶液,在 0～1.0 MPa 内调节操作压力,测定 4～5 个不同压力下纳滤膜的截留率、渗透通量。建立 p-r,p-J 关系曲线,确定纳滤膜分离适宜的操作压力 p_2。

反渗透:分离 5 g/L 氯化钠溶液,在 0～1.5 MPa 内调节操作压力,测定 4～5 个不同压力下反渗透膜的截留率、渗透通量。建立 p-r,p-J 关系曲线,确定反渗透分离时适宜的操作压力 p_3。

(4) 乳清废水浓缩分离,打开阀膜透过液阀和膜浓缩液阀,分别收集透过液和浓缩液。透过液用于下一级膜分离实验,浓缩液可作为产品,稳定操作后可取样分析。取 30 mL 原料、30 mL 浓缩液分析溶质浓度,为防止增压泵空转,当储槽中液位极低时可停止实验。

(5) 实验结束时,依次打开阀泵旁路阀、浓液旁路阀和浓液流量阀,使系统压力小于 0.2 MPa,关闭输液泵,再打开系统排空阀,排出储槽、管路、膜组件内残余料液。

(6) 关闭系统排空阀,按操作步骤 1～3,用低压清水($p \leqslant 0.2$ MPa)清洗储槽、管路及膜组件,直至浓缩液、透过液澄清透明为止,可采用分析手段监测膜组件出料口溶质的含量,溶质的含量应接近于零。打开系统排空阀,排出储槽、管路、膜组件内的清洗料液。

(7) 重复操作步骤 1～6,按照实验内容,进行实验。

(8) 实验结束后,将装置清洗干净,把膜组件拆卸下来,加入保护液至膜组件的 2/3 高度,然后密闭系统,避免保护液损失。将分光光度计等仪器擦干净,切断电源,放在指定位置。检查水、电是否关闭,确保所用系统水电关闭。

六、实验注意事项

(1) 本装置设置了压力控制器,当系统压力大于 1.6 MPa 时,会自动切断输液泵电流并停机。

(2) 储槽内料液不要过少,同时应保持储液槽内壁清洁。较长时间(10 天以上)停用时,应在组件中充入 1%甲醛水溶液作为保护液,防止系统生菌,并保持膜组件的湿润(保护液主要用于膜组件内浓缩液侧)。

(3) 膜组件为耗材,液体处理后需进行清洗处理(包括纯水清洗、药剂清洗),当膜组件通量大幅降低时应考虑更换。

(4) 待处理料液需预过滤,防止大颗粒机械杂质损坏输液泵或膜组件,膜组件的进料最高自由氯浓度为 0.1 mg/L。

(5) 每种膜组件需单独使用,使用完毕后如需使用其他膜,必须将系统残余料液放空,并进行彻底清洗,以免料液干扰。

(6) 增压泵启动时,请注意泵前管道需充满液体,以防损坏。如发生上述现象,请立即切断电源,短时间内空转,不一定会损坏泵。

(7) 管道如有泄漏,请立即切断电源和进料阀,待更换管件或用专用胶水黏结后(胶水黏结后需固化 4 h)方可使用。

七、实验数据处理与分析要求

1. 数据记录表

(1) 膜组件:_____;料液组分:_____;室温:_____;大气压力:_____。

实验序号	操作压力/MPa	透过液浓度/(g/L)	透过液流量/(L/h)	原料浓度/(g/L)
1				
2				
3				
4				
5				

(2) 膜组件:_____;料液组分:_____;操作压力:_____。

实验序号	操作时间/MPa	透过液流量/(L/h)	透过液浓度/(g/L)	原料浓度/(g/L)
1				
2				
3				
4				
5				

(3) 测定溶质的浓缩倍数

膜组件	浓缩组分	操作压力/MPa	浓缩液浓度/(g/L)	原料浓度/(g/L)
超滤	大豆蛋白	$p_1=$		
纳滤	葡萄糖	$p_2=$		

(4) 计算净水回收率

$$净水回收率=\frac{净水体积(L)}{乳清废水原料体积(L)}$$

2. 数据处理

(1) 计算膜截留率 R、渗透通量 J。

(2) 在坐标纸上绘制 $p-r$,$p-J$,$t-r$,$t-J$ 关系曲线,分析操作压力、料液浓度对膜截留率的影响。

(3) 计算乳清蛋白及葡萄糖的浓缩倍数 N,同时测定净水体积,计算回收率。

八、思考题

(1) 请简要说明超滤、纳滤和反渗透分离的基本机理。

(2) 提高料液温度对膜渗透通量有什么影响?

（3）纳滤膜表面通常带有负电荷,用纳滤膜分离葡萄糖和氯化钠的作用机理是否一致?

（4）结合实验并查阅文献,分析卷式膜的优缺点。

（5）膜组件长期不用时,为何要加保护液?

九、参考文献

［1］朱长乐.膜科学技术(第二版)［M］.北京:高等教育出版社,2004.

［2］杨座国.膜科学技术过程与原理［M］.上海:华东理工大学出版社,2009.

［3］乐清华.化学工程与工艺专业实验［M］.2 版.北京:化学工业出版社,2008.

§6.2　超临界 CO_2 萃取实验

一、实验内容

通过超临界 CO_2 萃取技术,提取茶叶中富含的咖啡因,测定在一定的萃取时间、萃取温度和 CO_2 流量的条件下,萃取效率随萃取压力的变化量。

二、实验目的

（1）确定咖啡因在超临界 CO_2 流体中溶解度的定性经验规律。

（2）确定影响咖啡因在超临界 CO_2 流体中溶解性能的各种因素。

（3）了解超临界萃取装置的基本原理和实验方法,认识实验装置中的部件、阀门及其作用。

三、实验原理

超临界流体是处于临界温度(T_c)和临界压力(p_c)以上、介于气体和液体之间的流体,兼有气体和液体的双重性质和优点。流体黏度接近于气体,而密度又接近于液体,扩散系数为液体的 $10\sim100$ 倍,具有良好的溶解特性和传质特性。CO_2 是目前用得最多的超临界流体,密度和介电常数较大,对物质的溶解度大,且随压力、温度的变化而急剧变化。超临界 CO_2 不仅对某些物质的溶解度有选择性,而且溶剂和萃取物容易分离,而且相对来说,性质稳定,价格便宜,无毒,不燃烧,可循环使用。因此特别适用于萃取挥发和热敏性物质,与传统溶剂正己烷、二氯甲烷相比,具有显著的优越性。超临界 CO_2 流体萃取技术是利用超临界 CO_2 流体的这些特性而发展起来的一门新兴技术。它是利用 CO_2 在超临界状态下对溶质有很高的溶解度,而在常温低压状态对溶质的溶解度大大降低这一特性,来实现目标成分的提取和分离。超临界 CO_2 萃取特别适用于脂溶性、高沸点、热敏性物质的提取和分离,同时也适用于不同组分的精细分离,而且几乎能够完全保持提取物质的天然特性。该技术在食品保健、香料、中草药、油脂、石油化工、环保等领域应用广泛。

四、测量参数和实验装置图

1. 设备及测量参数

萃取釜压力分别为 30 MPa,35 MPa,45 MPa,分离釜Ⅰ的压力设定为 8 MPa,分离釜Ⅱ的压力设定为 6 MPa,萃取釜温度为 40℃,分离釜温度为 35℃,萃取时间为 1 h,CO_2 的流量为 50 kg/h，萃取釜容积为 1 L。

2. 实验装置及流程

钢瓶中的二氧化碳气体经过净化器后，进入冷却系统，然后加压至所需要的压力，通过管道进入萃取器底部。气体通过金属分布板进入装料筒内的物料层，然后溶出溶质的流体从萃取器顶部出来经调节阀进入分离器顶部后，再深入分离器内进行气液相分离。萃取产品经分离器底部采样阀收集，气相经分离器顶部出来，经调节阀，再进入二级分离器而后气态 CO_2 经转子流量计计量后，再次进入系统循环使用。其流程图如图 6-2 所示。

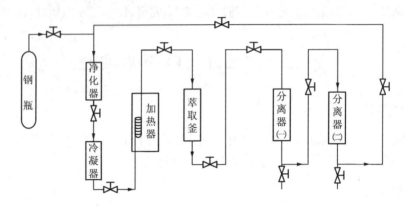

图 6-2 超临界 CO_2 萃取实验流程图

五、实验操作

(1) 开始实验前，要求装置中所有的阀门都关闭，CO_2 钢瓶的压力在 4 MPa 以上。若低于此压力需用加热圈进行加热，待压力达到后才能进行实验，否则应更换新气瓶。

(2) 精确称取粉碎过筛的茶叶 200 g 装入 1 L 萃取釜中。物料装入萃取釜时需加入 2~3 层脱脂棉，脱脂棉与过滤片之间留 5 cm 左右的距离。

(3) 打开阀门 5，然后拧开 CO_2 钢瓶小阀，排除管路中的空气。

(4) 接通电源，设定萃取釜、分离釜温度，打开加热循环系统，待温度达到设定值后开启阀门 2，打开氟利昂冷却系统，将 CO_2 冷却液化。

(5) 启动 CO_2 泵，随泵的运转萃取釜压力表指针逐渐上升，当达到所需压力时，缓慢打开阀门 6，可见分离釜压力表指针逐渐上升，再缓慢打开阀门 7,8,9，保持萃取釜与分离釜的压力在所需范围内。

(6) 保持整个系统的 CO_2 处于循环状态，调节相应阀门控制相关的压力，使系统在设定的实验条件下稳定运行。

(7) 萃取时间约 1 h 后，首先关闭 CO_2 泵，然后关闭阀门 1,9，稍后拧开阀门 5,6,7,8，打开萃取釜排气阀，排出 CO_2 气体，同时，从取样口取样。

(8) 取样结束后，关闭高压泵电源、制冷及加热装置，然后关闭总电源和 CO_2 钢瓶，依次关闭相应阀门，打开萃取器的放空阀，完全放空后，从萃取器的加料筒中取出萃余物（茶叶残渣）。

(9) 实验过程结束，关闭电源并检查所有阀门是否均已关闭。

六、实验注意事项

（1）由于设备高压运行，在萃取过程中，学生不得离开操作现场，不得随意乱动仪表盘后面的设备、管路、管件等，发现问题应及时断电。

（2）为防止发生意外事故，在操作过程中，若发现超压、超温、异常声音等，必须立即关闭总电源，然后汇报老师协同处理。

（3）通常分离釜体后面的阀门及回流阀门处于常开状态下，釜内压力应与储罐压力相等。若实验中分离釜内压力高于储罐压力，则表明气路堵塞，必须进行及时处理。

七、实验数据处理与分析要求

1. 数据记录表

序　号	萃取压力/MPa	粗咖啡因质量/g	萃取效率/%
1	30		
2	35		
3	45		

2. 数据处理和分析要求

在分离釜中收集粗品咖啡因，计算萃取效率。

八、思考题

（1）超临界流体的特性是什么？选择 CO_2 作为萃取剂主要有哪些优点？

（2）讨论超临界萃取装置还可以应用到哪些方面？

（3）为什么有些超临界萃取实验中要加入乙醇等物质？

九、参考文献

[1] 张德权，胡晓丹.食品超临界 CO_2 流体加工技术[M].北京:化学工业出版社 2005.

[2] 陈维杻.超临界流体萃取的原理和应用[M].北京:化学工业出版社 1998.

表 6-2　一些超临界流体的临界参数

超临界流体	临界压力/MPa	临界温度/℃	临界密度/(g/mL)
二氧化碳(CO_2)	7.29	31.2	0.433
水(H_2O)	21.76	374.2	0.332
氨(NH_3)	11.25	132.4	0.235
乙烷(C_2H_6)	4.81	32.2	0.203
乙烯(C_2H_4)	4.97	9.2	0.218
二氧化氮(NO_2)	7.17	36.5	0.450

超临界流体	临界压力/MPa	临界温度/℃	临界密度/(g/mL)
丙烷(C_3H_8)	4.19	96.6	0.217
戊烷(C_5H_{12})	3.75	196.6	0.232
丁烷(C_4H_{10})	3.75	135.0	0.228

§6.3　萃取精馏实验

一、实验内容

在共沸物系(乙醇-水)中加入萃取剂乙二醇,进行萃取精馏。

二、实验目的

(1) 了解萃取精馏的主要特点。

(2) 学会萃取精馏操作。

三、实验原理

萃取精馏是一种特殊的精馏技术,在待分离的物系中加入萃取剂,萃取剂不与被分离物系中的任一组分形成共沸物,但能改变原有物系组分间的相对挥发度,从而使近沸点混合物或共沸物得以通过精馏有效分离。萃取精馏按操作形式可分为连续萃取精馏和间歇萃取精馏。萃取精馏由于萃取剂在塔内不挥发,故比共沸精馏能耗小,但设备比共沸精馏复杂。

在待分离的物系中加入萃取剂。由化工热力学可知,在压力较低时,原溶液中两组分1,2的相对挥发度可表示为

$$\alpha_{12}=\frac{p_1^{\circ}\gamma_1}{p_2^{\circ}\gamma_2} \tag{6-4}$$

加入溶剂S后组分1,2的相对挥发度$(\alpha_{12})_s$则为

$$(\alpha_{12})_s=\left(\frac{p_1^{\circ}}{p_2^{\circ}}\right)_{TS}\left(\frac{\gamma_1}{\gamma_2}\right) \tag{6-5}$$

式中:$\left(\frac{p_1^{\circ}}{p_2^{\circ}}\right)_{TS}$——加入溶剂S后三元混合物泡点温度下,组分1,2的饱和蒸汽压之比;

$\left(\frac{\gamma_1}{\gamma_2}\right)$——加入溶剂后组分1,2的活度系数之比。

一般把$\frac{(\alpha_{12})_s}{\alpha_{12}}$叫作溶剂S的选择性。因此,萃取剂的选择性是指溶剂改变原有组分间相对挥发度的能力,显然选择性是衡量萃取溶剂的主要指标。

通常,希望萃取剂与塔顶组分1形成具有正偏差的非理想溶液,且正偏差越大越好,同时与塔釜产品应形成具有负偏差的非理想溶液。与塔釜产品形成非理想溶液的萃取剂容易选择,一般可在其同系物或性质接近的物料中选取。

乙醇-水系统的萃取剂的筛选。根据研究结果及工业实践,普遍认为乙二醇是选择性很好的溶剂,而且乙二醇与水及乙醇均能完全互溶,不致在塔板上引起分层,也不与乙醇或水形成共沸物或起化学反应,容易再生,便于循环使用,且来源丰富,所以本实验也可选择乙二醇作为萃取剂。

四、实验装置与流程

1. 实验装置

本实验采用双塔流程。萃取精馏塔塔体内径 25 mm,填料高度 1.4 m;溶剂回收塔塔体内径为 25 mm,填料高度 1.2 m;两精馏塔内装 $\phi 3$ mm×3 mm θ 网环型的高效散装填料。塔釜为内热自循环玻璃釜,体积为 500 mL,塔外壁镀有金属膜,通电流使塔身加热保温。

2. 实验流程

实验装置的流程示意图见图 6-3。图中塔 1 为溶剂回收塔,塔 2 为萃取精馏塔。A(乙醇)、B(水)两组分混合物进入塔 2,同时向塔内加入溶剂 S(乙二醇),降低组分 B 的挥发度,而使组分 A(乙醇)变得易挥发。溶剂的沸点比分离组分高,为了使塔内维持较高的溶剂浓度,溶剂加入口一定要位于进料板之上。在该塔顶得到组分 A(乙醇),而组分 B(水)与溶剂 S(乙二醇)由塔釜流出。将该塔釜液放入塔 1,通过间歇精馏从塔顶蒸出组分 B(水)及其他易挥发组分,溶剂 S(乙二醇)留在塔釜,可循环使用。

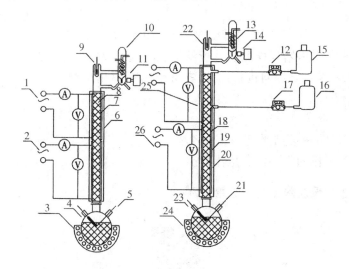

图 6-3　萃取精馏的流程示意图

1—溶剂回收塔(塔 1)加热上段;2—溶剂回收塔(塔 1)加热下段;3,24—二塔电加热器;4,23—塔釜温度计;5,21—取样管;6,20—玻璃保温套;7,19—玻璃镀膜保温管;8,18—不锈钢填料;9,22—塔顶温度;10,13—塔顶冷凝器;11,14—回流比控制器;12,17—进料蠕动泵;15—原料加料瓶;16—溶剂加料瓶;25—萃取精馏塔(塔 2)加热上段;26—萃取精馏塔(塔 2)加热下段

五、实验步骤

(1) 在实验装置的原料储槽中配好乙醇和水的混合物(乙醇的体积含量约为 90%),在另一储槽内放入乙二醇。

（2）在萃取精馏塔（塔2）内进行全回流操作。首先，在塔釜中加入2/3体积的乙醇和水的混合液。然后，向塔顶冷凝器通入冷却水，接通塔釜加热器电源，对塔釜进行加热，加热电压要缓慢升高，不要超过200 V。当塔釜中液体开始沸腾时，接通塔体保温电源，保温电流在0.2 A左右。注意观察塔内气液接触状况，并适当调整加热功率，让塔内维持正常的操作状态。待塔顶温度稳定在78 ℃左右20 min后，开始下一步操作。

（3）在萃取精馏塔（塔2）内进行部分回流操作。在上述全回流的基础上，将原料混合液通过计量泵从进料口加入塔内，原料混合液的流量为4.0 mL/min。将乙二醇通过蠕动计量泵从塔顶处的进料口加入塔内，乙二醇的流量为15 mL/min。用回流比控制器调节回流比为4，用塔顶产品接收器收集馏出液。塔釜产品通过溢流管流出，收集在容器内。当塔顶温度稳定后，即可取塔顶样品，并采用气相色谱仪进行分析。实验结束后停止加热、进料，当塔釜温度不太高时，可关闭冷却水。

（4）将萃取精馏塔（塔2）的塔釜产品加入回收塔（塔1）的塔釜中，按照萃取精馏塔（塔2）的全回流操作方法，进行操作。用回流比控制器调节回流比为4，用接收器收集塔顶馏出液，塔釜不出料。因为塔釜液中存在乙醇、水及乙二醇，因此塔顶、塔釜内料液的温度是变化的。当塔釜温度达到189 ℃后，可停止精馏，并取塔釜样，采用气相色谱仪进行分析。实验结束后停止加热，当塔釜温度不太高时，关闭冷却水。

六、报告内容

（1）画出全回流条件下，塔顶温度随时间的变化曲线。

（2）列出萃取精馏塔塔顶样品的分析结果和溶剂回收塔塔釜样品的分析结果，并对实验结果随操作条件（溶剂与原料进料比、回流比）的变化做出预测。

七、思考题

（1）选择萃取剂的一些基本条件是什么？
（2）萃取精馏操作的主要特点是什么？

八、实验数据记录及数据处理结果示例

§6.4　催化反应精馏法制甲缩醛

一、实验内容

（1）考察原料甲醛的浓度对塔顶产品甲缩醛纯度和收率的影响。
（2）考察甲醛与甲醇的计量比对塔顶产品甲缩醛纯度和收率的影响。
（3）考察催化剂的浓度对塔顶产品甲缩醛纯度和收率的影响。

（4）考察回流比对塔顶产品甲缩醛纯度和收率的影响。

二、实验目的

（1）了解催化反应精馏装置与工艺的特点，增强工艺与工程相结合的观念。

（2）熟悉用正交设计的方法，设计合理的实验方案，进行工艺条件的优选。

（3）掌握反应精馏装置的操作控制方法，学会通过观察反应精馏塔内的温度分布，来判断组分浓度的变化趋势，从而采取相应的调控措施。

（4）获得反应精馏法制甲缩醛的优化工艺条件，明确主要影响因素。

三、实验原理

催化精馏是 20 世纪中期发展起来的一种新技术，它通过精馏塔将催化反应和精馏过程有机地结合起来。它既能利用精馏的分离作用提高反应的平衡转化率，抑制串联副反应的发生，又能利用放热反应的热效应降低精馏的能耗。催化精馏技术已在醚化、醚分解、酯化、酯交换、烷基化、烯烃叠合和选择加氢等反应中获得了广泛应用，其具有选择性好、收率高、能耗低及设备投资少等优点。

甲缩醛（二甲氧基甲烷）的分子式为 $C_3H_8O_2$，是无色、无毒、有类似氯仿气味和易被生物降解的液体，熔点是 $-104.8℃$，相对密度 0.856 0，沸点 44 ℃，折射率 1.351 3，可以替代 F11,F13 及含氯溶剂的清洁溶剂，也被应用于化妆品和医药行业，是一种重要的化工原料。

反应精馏法制备甲缩醛是典型的工程与工艺相结合的实验。本实验以甲醛与甲醇缩合生产甲缩醛（沸点 42.3℃）的反应为对象进行反应精馏工艺研究。合成甲缩醛的反应为

$$2CH_3OH + HCHO \Longrightarrow CH_3OCH_2OCH_3 + H_2O$$

该反应是在酸催化条件下进行的可逆放热反应，受平衡转化率的限制。如果采用传统的方法先反应再进行分离，即使以高浓度甲醛水溶液（38%～40%）为原料，甲醛的转化率也只能达到 55%左右。大量未反应的稀甲醛不仅给后续的分离造成困难，而且稀甲醛浓缩时产生的甲酸对设备腐蚀严重。然而若采用反应精馏的方法则可以有效地克服平衡转化率这一障碍，该方法能将产物及时移出反应区，从而提高反应的平衡转化率。同时，由于精馏过程具有提浓作用，因此对原料甲醛的浓度要求降低，质量分数为 7%～38%的甲醛水溶液均可直接使用。由该反应物系中各组分相对挥发度的大小次序为 $\alpha_{甲缩醛} > \alpha_{甲醇} > \alpha_{甲醛} > \alpha_水$，可见产物甲缩醛在该体系中具有最大的相对挥发度，而且沸点最低。因此，使用反应与精馏耦合的方法，如果原料配比控制合理，甚至可达到接近平衡转化率的水平。此外，采用反应精馏技术还具有如下优点：在合理的工艺及设备条件下，可从塔顶直接获得合格的甲缩醛产品；反应热直接用于精馏过程，可降低能耗；由于反应和分离在同一设备中进行，可节省设备费用和操作费用。

本实验采用连续反应精馏装置，考察原料甲醛的浓度、甲醛与甲醇的计量比、催化剂浓度、回流比等因素对塔顶产品纯度和生成速率的影响，从而优选出最佳的工艺条件。实验中，各因素变化的范围如下。甲醛溶液的浓度（质量分数）：10%～38%；甲醛：甲醇（物质的量之比）：1∶5～1∶2；催化剂的质量分数：0.5%～5%；回流比：1～6。由于实验涉及多因子多水平的优选，所以采用正交实验设计的方法组织实验。通过数据处理，方差分析，确定该生产工艺的主要影响因素和优化条件。

四、实验装置和流程

实验装置如图 6 - 4 所示。塔釜为 2 000 mL 的四口烧瓶;可控电热碗是规格为 2 000 mL 的电加热碗;5 台热电偶温度显示仪从上至下依次显示塔顶、精馏段、反应段、提馏段、塔釜的真实温度;2 台蠕动泵通过调节电机转速来控制原料的加入量;回流比控制器是通过时间分配器设定回流与采出的时间,并通过电磁铁周期性吸引回流摆体来控制回流比。塔柱从上而下依次是精馏段、反应段、提馏段;全塔为带夹套玻璃塔,塔内径为 25 mm,塔高约 2 400 mm,内装 φ3 mm 的玻璃弹簧填料(塔柱中小方格堆积区域)。

原料甲醛与酸催化剂配好后,经计量泵由反应段顶部加入,甲醇由反应段底部加入,并用气相色谱分析塔顶和塔釜产物的组成。

五、实验操作

(1) 实验准备

实验试剂:98% 硫酸、37% ~ 40% 甲醛溶液和甲醇 (≥99.5%);去离子水 1 桶;根据实验条件,配制含催化剂的甲醛原料,使浓度满足实验要求,并根据实验条件,计算甲醛的进料流量,g/min;分别标定甲醇和甲醛进料泵流量,使流量满足预先设定的实验要求。

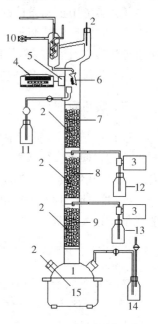

图 6 - 4 催化反应精馏装置
1—塔釜;2—热电偶温度显示仪;3—蠕动泵;4—时间分配器;5—电磁铁;6—回流摆体;7—精馏段;8—反应段;9—提馏段;10—冷凝水接口;11—产品甲缩醛贮槽;12—含催化剂的甲醛原料贮槽;13—甲醇料贮槽;14—釜液贮槽;15—可控电热碗

实验器具:台秤 1 台;秒表 1 只;500 mL、10 mL 量筒各一个;锥形瓶 2 只;皂膜流量计 1 个;色谱分析取样瓶若干。

分析方法:查阅资料,掌握甲醛的分析方法;检查气相色谱和载气系统是否正常。

数据记录:准备实验记录本,预先绘制好原始数据记录表,以防数据遗漏。

(2) 熟悉催化反应精馏装置的构成,掌握装置中各组成部分的作用,尤其是回流和进料部分的控制方法。

(3) 分析条件

色谱分析仪:山东鲁南色谱有限公司;色谱柱:内径 2~3 mm 的不锈钢柱;柱长:2 m;60~80 目改性有机担体;载气:氢气;柱温:140 ℃;检测器:热导池;检测器温度:150℃;柱前压:0.08 MPa 左右;进样量:1~2 μL;工作电流:130 mA 左右。

处理方法:峰面积校正归一法。

(4) 实验步骤

① 检查精馏塔进出料系统各管线上的阀门开闭状态是否正常。向塔釜加入 400 mL 10% 甲醇水溶液。

② 调节计量泵,用皂膜流量计分别标定原料甲醛水溶液(含催化剂)和甲醇的进料流量,要求控制原料甲醛的进料流量在 3~5 mL/min,然后由选定的甲醛和甲醇的物质的量

之比以及原料甲醇的密度和浓度,确定甲醇进料的体积流量。

③ 开启塔顶冷却水,再开启塔釜加热器,当塔顶有冷凝液后,全回流操作 20 min 左右。

④ 按选定的实验条件开始进料,同时将回流比控制器拨到预定的数值,调节时可先将出料时间设定在 3~4 s,然后根据所要求的回流比,计算并设定回流时间。

⑤ 按照选定要求进料后,仔细观察并跟踪记录塔内各点的温度变化,待塔顶温度稳定在 42.5 ℃左右时,每隔 15 min 取一次塔顶样品,分析产品中甲缩醛的含量,共取样 3 次,取其平均值作为实验结果。同时,测定塔顶的出料速度。若塔顶温度大于 43 ℃,则需要逐步降低塔釜的加热电压。每次调压幅度不宜过大,而且调压后需等系统稳定后才能进行下一次的调压,直至塔顶温度降至 42.5 ℃左右,此时系统达到物料平衡。

⑥ 如果要在回流比一定的条件下,考察进料甲醛浓度、醛醇比、催化剂浓度对产品甲缩醛纯度与收率的影响。可直接改变实验条件,重复上述步骤②~⑤,从而获得相应条件下的实验结果。

⑦ 如果要考察回流比对产品甲缩醛纯度与收率的影响,则需保持其他条件不变,先根据步骤④改变回流比,然后调节塔釜加热量使塔顶的出料速度与回流比调节前一致,待系统稳定后按照步骤⑤测定相应的实验数据。

⑧ 实验结束后,停止加热,可将进料贮槽换为去离子水瓶冲洗 1~2 min 后,切断进出料,再将蠕动泵的管卡松开,保护进料管路。待塔顶不再有冷凝液回流时,关闭冷却水。

⑨ 若要按照正交方案开展实验,工作量较大,可以安排多组学生共同完成。

六、实验注意事项

(1) 设定时间分配器时,为减小摆针晃动的影响,要求采出时间≥3 s。

(2) 每次停止加料后应将塔内甲缩醛排尽,以免影响下一次实验,将回流比调为 1∶1,继续塔顶采出,直至塔顶温度为 60 ℃,关闭回流分配器开关。

(3) 注意反应段顶部与底部所要加入的原料,甲醛与酸催化剂配好后,经计量泵由反应段顶部加入,甲醇由反应段底部加入。

(4) 在开启塔釜加热器时加热量应逐步增加,不宜过猛。

(5) 实验结束后,可将进料贮槽换为去离子水瓶冲洗 1~2 min 后,切断进出料,再将蠕动泵管卡松开,卸下胶管,同时将管内原料倒回瓶中,以免胶管变形或破裂,使蠕动泵头腐蚀。

七、实验数据处理与分析要求

1. 数据记录表

(1) 流量校正

甲醇进料泵

序　号	刻　度	时间/s	体积/mL	流率/(mL/min)
1				

续　表

序　号	刻　度	时间/s	体积/mL	流率/(mL/min)
2				
3				
4				

甲醛进料泵

序　号	刻　度	时间/s	体积/mL	流率/(mL/min)
1				
2				
3				
4				

（2）温度记录

时　间	塔顶/℃	精馏段/℃	反应段/℃	提馏段/℃	塔釜/℃
…					

（3）取样记录

序　号	甲醛浓度	原料配比（甲醛：甲醇）	催化剂的浓度	回流比	x_d	x_w
1						
2						
3						
4						
5						
6						
…						

序　号	时间	预定采出率/(g/min)	实际采出率/(g/min)	甲缩醛的含量/%
1				
2				
3				
4				
5				
6				

2. 数据处理和分析要求

(1) 列出实验原始记录表,计算甲缩醛产品的收率。

① 塔顶采出量的计算:

$$D = F \times \phi \qquad (6-6)$$

式中:D——塔顶采出量,g/min;

F——甲醛进料流率,g/min;

ϕ——塔顶采出比(质量比)。

② 甲缩醛收率:

$$y = \frac{(D \times x_d + W \times x_w)}{F \times x_f} \times \frac{M_p}{M_f} \times 100\% \qquad (6-7)$$

式中:F——甲醛进料流率,g/min;

F_1—— 塔顶采出量,g/min;

W —— 塔釜采出量,g/min(这里 W 为 0);

M_p—— 甲缩醛的分子量;

M_f—— 甲醛的分子量;

x_f——进料中甲醛的质量浓度,%;

x_d—— 塔顶产品中甲缩醛的质量浓度,%;

x_w—— 塔釜产品中甲缩醛的质量浓度,%。

(2) 绘制全塔温度分布图,绘制甲缩醛产品收率和纯度与回流比的关系图。

(3) 以甲缩醛产品的收率为实验指标,列出正交实验结果表,运用方差分析确定最佳工艺条件。

八、思考题

(1) 反应精馏塔内的温度分布有什么特点? 其主要由哪些因素决定? 随原料甲醛浓度和催化剂浓度的变化,反应段温度如何变化? 这个变化说明了什么?

(2) 根据塔顶产品纯度与回流比的关系,塔内温度分布的特点,讨论反应精馏与普通精馏有何异同?

(3) 本实验在制定正交实验计划表时没有考虑各因素间的交互影响,这是否合理? 若不合理,应该考虑哪些因子间的交互作用?

(4) 要提高甲缩醛产品的收率可采取哪些措施?

九、参考文献

［1］邵利，杨彩娟，许春建，等. 浆料催化精馏制备甲缩醛[J]. 化学工业与工程，2006，23(6)：471—474.

［2］Doher Y M F，Buzard G. Reactive distillation by design[J]. Chem. Eng. Des.，1992，70(5)：448—453.

［3］乐清华. 化学工程与工艺专业实验[M]. 2版. 北京：化学工业出版社，2008.

［4］许锡恩，李家玲. 催化精馏进展[J]. 石油化工，1989，18(9)：642—649.

［5］许锡恩，朱宝福，陈洪钫. 反应精馏[J]. 石油化工，1985，14(8)：480—555.

［6］秦娟妮，刘继泉. 甲缩醛反应精馏过程模拟[J]. 当代化工，2007，36(3)：285—287.

［7］王淑娟，王洋，范丽静. 气相色谱法测定甲缩醛[J]. 锦州师范学院学报：自然科学版，1999，3：12—15.

［8］褚效中. 催化精馏法制备甲缩醛[J]. 淮阴师范学院学报：自然科学版，2009，8(1)：64—66.

［9］王淑娟，陶克毅. 合成甲缩醛催化剂和工艺现状[J]. 辽宁工学院学报，2002，22(5)：57—60.

§6.5　反应精馏法制乙酸乙酯

一、实验内容

(1) 进行全塔物料衡算。

(2) 计算塔内浓度分布、反应收率、转化率。

二、实验目的

(1) 了解反应精馏既服从质量守恒定律又服从相平衡的复杂过程。

(2) 了解反应精馏与常规精馏的区别，掌握反应精馏的操作控制方法，学会通过观察塔内的温度分布，判断浓度的变化趋势，采取正确调控手段。

(3) 能进行全塔物料衡算和塔操作的过程分析。

(4) 学会分析塔内物料的组成。

(5) 获得反应精馏法制乙酸乙酯的最优工艺条件，明确主要影响因素。

三、实验原理

将化学反应和精馏结合起来同时进行的操作过程称为反应精馏。反应精馏过程不同于一般精馏，它既有精馏的物理相变的传递现象，又有物质变化的化学反应现象。化学反应在液相进行的称为反应精馏；化学反应在固体催化剂与液相的接触表面进行的称为催化精馏。与反应、精馏分别进行的传统方法相比，它具有产品收率高、节能、投资少、流程简单等优点。

因此,在化工生产中得到越来越广泛的应用。

　　本实验以乙酸和乙醇为原料生成乙酸乙酯的反应为对象进行反应精馏工艺的研究。合成乙酸乙酯的反应为

$$CH_3COOH+CH_3CH_2OH \Longrightarrow CH_3COOC_2H_5+H_2O$$

　　该反应是在酸催化剂条件下进行的可逆反应,反应受平衡影响,转化率只能维持在平衡转化的水平。但是,若生成物中有低沸点或高沸点物质存在,则精馏过程可使其连续地从系统中排出,促使平衡向生成产物的方向移动,大大提高了乙酸的转化率。

　　合成乙酸乙酯常用的催化剂有硫酸、离子交换树脂、重金属盐类和丝光沸石分子筛。反应精馏的催化剂用硫酸,这是由于其催化作用不受塔内温度限制,在全塔内进行催化反应。而固体催化剂存在一个适宜的使用温度,精馏塔本身难以达到此条件。故本实验采用硫酸做催化剂。

　　在塔上部某处加带有酸催化剂的乙酸,塔下部某处加乙醇。釜液沸腾状态下塔内轻组分逐渐向上移动,重组分向下移动,即醋酸从上向下移动,与向塔上端移动的乙醇接触,在不同填料高度上均发生反应,生成乙酸乙酯和水。此时塔内有四个组分。由于乙酸在气相中有缔合作用,除乙酸外,其他三个组分形成三元或二元共沸物。而水-乙酸乙酯、水-乙醇共沸物沸点较低,所以乙醇和乙酸乙酯不断地从塔顶排出。若控制反应配比,可使某组分全部转化。因此,反应精馏是在精馏塔中同时进行化学反应和精馏分离的单元操作过程。

四、实验装置及试剂

1. 实验装置

　　实验装置如图 6-5 所示。反应精馏塔有玻璃制成。塔径为 20 mm,塔高约 1 500 mm,塔内填装 $\phi 3 \text{ mm} \times 3 \text{ mm}$ 不锈钢 θ 网环型填料。塔釜为 500 mL 四口烧瓶,塔的外壁镀有金属膜,通电流使塔身加热保温,塔釜置于 500 W 的电热包中。采用 XCT-191、ZK-50 可控硅电压控制器控制釜温。塔顶冷凝液的回流液采用摆动式回流比控制器操作。此控制系统由塔头上摆锤、电磁铁线圈、回流比计数拨码电子仪表组成。

　　原料乙酸与催化剂混合后,经计量泵由反应段的顶部加入,乙醇由反应段底部加入。用气相色谱分析塔各段取样口处、塔顶和塔釜产物的组成。

2. 实验试剂

　　乙酸,分析纯;95%乙醇;浓硫酸,分析纯;乙酸乙酯,分析纯。

五、实验操作

　　操作前在釜内加入 200 g 接近稳定操作组成的釜液,并分析其组成。检查进料系统各管线是否连接正常。然后将乙酸、乙醇注入计量管内(乙酸内含 0.3% 硫酸),启动泵,微调泵的流量给定转柄,让液料充满管路后停泵。启动加热反应釜系统,开始时用手动档,注意不要使电流过大,以免设备突然受热而损坏。待釜液沸腾,开启塔身保温电源,调节保温电流(注意:不能过大),开启冷凝水。当塔头有液体出现后,待全回流 15~20 min 后开始进料,实验按规定条件进行,一般可把回流比拨码给定 3:1,乙酸与乙醇的物质的量之比定在 1:

1.3,进料速度为 0.5 mol/h,进料后仔细观察塔底和塔顶的温度与压力,测量塔顶与塔釜的出料速度。记录数据,及时调节出料,使系统处于平衡状态。稳定 2 h,每隔 30 min 用小样瓶取塔顶与塔釜流出液,称重分析组成。在稳定操作下用微量注射器在塔身不同高度取样口取样。取 1 mL 左右注入事先洗净烘干的针剂瓶中,并给该瓶盖标号以免出错,各个样品尽可能同时取样。进行色谱分析,取得塔内各组分的浓度分布曲线。

　　若时间允许,可改变回流比或改变加料各组分的物质的量之比,重复操作,取样分析,并进行对比。

　　实验完毕后关闭加料泵,停止加热,让塔内的滞留液全部流至塔釜。取出釜液称重,分析组成,关闭冷却水。

　　用带有热导池鉴定器的气相色谱仪去分析原料和产物。色谱操作条件如下:以 H_2 为载体,桥流 100 mA,柱直径 3 mm,长 1 m。内装填 60~80 目 GD×102 载癸二酸 20%,柱前压力0.1 MPa,柱温 120℃,气化室的温度为 130℃,检测器的温度为 120℃。相对校正因子:水 0.74;乙醇 1.0;乙酸乙酯 1.15;醋酸 1.27。用面积归一法计算。分析谱图见图 6-6。

六、实验注意事项

　　(1) 乙酸乙酯与水(或乙醇)形成二元或三元共沸物,它们的沸点是很相近的,操作过程中应控制好塔顶温度。几种物质的共沸点及其组成见表 6-3。

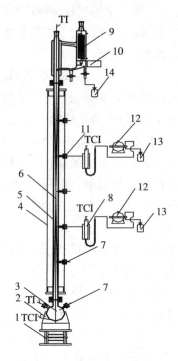

图 6-5　反应精馏流程图

1—电热碗;2—塔釜;3—温度计;4—进料口;5—填料;
6—温度计;7—时间继电器;8—电磁铁;9—冷凝器;
10—回流摆体;11—计量杯;12—数滴滴球;13—产品槽;
14—计量泵;TCI—温度控制及记录;TI—温度记录

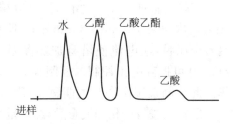

图 6-6　分析谱图

表 6-3　物质的共沸点及组成

沸点/℃	组成/%		
	乙醇	水	乙酸乙酯
70.2	8.4	9.0	82.6
70.4	0	8.1	91.9
71.8	31.0	0	69.0

（2）启动加热反应釜系统,开始时用手动档,注意不要使电流过大,以免设备突然受热而损坏。

（3）调节保温电流不能过大。

（4）取样时三个取样口一定要同时进行,这样色谱分析的结果才有可比性。

七、实验数据处理与分析要求

1. 数据记录表

（1）对侧线产品的色谱分析

对塔釜加热 15 min 后,把回流比调到 3∶1,每半小时取样分析。对侧线产品的实验条件及进行分析。

时间 /min	塔顶温度 /℃	釜温 /℃	取样口高 度/mm	物质	Area /%	W /%
30			350	水		
				乙醇		
				乙酸乙酯		
			670	水		
				乙醇		
				乙酸乙酯		
			890	水		
				乙醇		
				乙酸乙酯		
60			350	水		
				乙醇		
				乙酸乙酯		
			670	水		
				乙醇		
				乙酸乙酯		
			890	水		
				乙醇		
				乙酸乙酯		

（2）对最终塔顶、塔底产品的色谱分析

① 塔顶产品

对塔顶产品进行分析。

塔顶产品的质量＝＿＿＿＿＿g。

物 质	Area%	$W/\%$
水		
乙醇		
乙酸乙酯		

② 塔釜产品

对塔釜产品进行分析。

塔釜产品的质量＝＿＿＿＿＿g。

物 质	Area%	$W/\%$
水		
乙醇		
乙酸乙酯		
乙酸		

2. 数据处理和分析要求

（1）乙酸转化率按下式计算：

$$乙酸转化率＝\frac{（乙酸加料量＋原釜内乙酸量）－（馏出物中乙酸量＋釜残液乙酸量）}{乙酸加料量＋原釜内乙酸量}\times100\%$$

（2）计算乙酸转化率、反应收率及塔内浓度分布，绘制塔内组分浓度曲线，并进行全塔物料衡算。

八、思考题

（1）反应精馏与普通精馏有何区别？

（2）哪些均相液体混合物的分离可以采用反应精馏？

（3）在连续反应精馏过程中，为何乙酸从塔的上部加入，乙醇从塔的下部加入？

（4）试说明精馏开始时，为什么要全回流一段时间？

（5）怎样提高酯化收率？

（6）加料各组分的物质的量之比应保持多少为最佳？

九、参考文献

［1］刘光永.化工开发实验技术［M］.天津：天津大学出版社，1994.

［2］房鼎业，乐清华，李福清.化学工程与工艺专业实验［M］.北京：化学工业出版社，2005.

§6.6　多釜串联模型测定停留时间分布

一、实验内容

(1) 采用脉冲输入法测定停留时间分布密度函数。

(2) 计算停留时间分布的统计特征值,分析系统的流动特征。

二、实验目的

(1) 了解停留时间分布测定的基本原理,加深对返混概念的理解。

(2) 掌握停留时间分布的统计特征值的计算方法。

(3) 学会用理想反应器的模型来描述实验系统的流动特征。

三、实验原理

在连续流动反应器内进行化学反应时,反应进行的程度除了与反应系统本身的性质有关外,还与反应物料在反应器内停留时间的长短有密切关系。停留时间越长,则反应越完全。停留时间通常是指从流体进入反应器时开始,到其离开反应器为止的这一段时间。显然对流动反应器而言,物料粒子的停留时间不像间歇反应器那样是同一个值,而是存在一个停留时间分布。造成这一现象的主要原因是流体在反应器内流速分布的不均匀、流体的扩散、反应器内死角的存在等。

停留时间分布的测定不仅广泛应用于化学反应工程及化工分离过程,而且应用于流动过程的其他领域,它也是反应器设计和实际操作所必不可少的理论依据。

停留时间分布测定所采用的方法主要是示踪响应法。它的基本思路是在反应器入口以一定的方式加入示踪剂,然后通过测定反应器出口处示踪剂浓度的变化,间接地描述反应器内流体的停留时间。常用的示踪剂加入方式有脉冲输入和阶跃输入。本实验采用脉冲输入法。

脉冲输入法是在极短的时间内,将一定量 Q 的示踪剂从系统的入口处注入主流体,在不影响主流体原有流动特性的情况下随之进入反应器。与此同时,在反应器出口处检测示踪剂浓度随时间的变化。

由概率论可知,概率分布密度函数 $f(t)$ 就是系统的停留时间分布密度函数。因此 $f(t)dt$ 就代表了流体粒子在反应器内停留时间介于 t 到 $t+dt$ 之间的概率。停留时间分布函数 $F(t)$ 的物理意义是停留时间小于 t 的流体在总流体中所占分率[1]。

由停留时间分布密度函数的物理含义,可知

$$f(t)dt = \frac{V \cdot c(t)dt}{Q} \qquad (6-8)$$

$$Q = \int_0^\infty Vc(t)dt \qquad (6-9)$$

将式(6-9)代入式(6-8)得

$$f(t) = \frac{Vc(t)}{\int_0^\infty Vc(t)dt} = \frac{c(t)}{\int_0^\infty c(t)dt} \qquad (6-10)$$

由此可见，$f(t)$ 与示踪剂浓度 $c(t)$ 成正比。因此，本实验中用水作为连续流动的物料，以饱和 KNO_3 溶液做示踪剂，在反应器出口处检测溶液电导值。在一定范围内，KNO_3 溶液的浓度与电导值成正比，因此可用电导值来表达物料的停留时间变化关系，即 $f(t) \propto L(t)$，这里 $L(t) = L_t - L_\infty$，L_t 为 t 时刻的电导值，L_∞ 为无示踪剂时的电导值。

停留时间分布密度函数 $f(t)$ 在概率论中有两个特征值，平均停留时间（数学期望）$\bar{t}$ 和方差 σ_t^2。$\bar{t}$ 的表达式为

$$\bar{t} = \int_0^\infty t f(t) \, dt = \frac{\int_0^\infty t c(t) \, dt}{\int_0^\infty c(t) \, dt} \tag{6-11}$$

采用离散形式表达，并取相同时间间隔 Δt，则

$$\bar{t} = \frac{\sum t c(t) \Delta t}{\sum c(t) \Delta t} = \frac{\sum t \cdot L(t)}{\sum L(t)} \tag{6-12}$$

σ_t^2 的表达式为

$$\sigma_t^2 = \int_0^\infty (t - \bar{t})^2 f(t) \, dt = \int_0^\infty t^2 f(t) \, dt - (\bar{t})^2 \tag{6-13}$$

用离散形式表达，并取相同时间间隔 Δt，则

$$\sigma_t^2 = \frac{\sum t^2 c(t)}{\sum c(t)} - (\bar{t})^2 = \frac{\sum t^2 L(t)}{\sum L(t)} - (\bar{t})^2 \tag{6-14}$$

若用无量纲对比时间 θ 来表示，即 $\theta = t / \bar{t}$，无量纲方差

$$\sigma_\theta^2 = \frac{\sigma_t^2}{\bar{t}^2} \tag{6-15}$$

返混，又称逆向混合，是指不同年龄质点之间的混合。这里的逆向是时间概念上的逆向，不同于一般搅拌混合。测定一个系统的停留时间分布后，如何来评价其返混程度，则需要用反应器模型来描述。这里我们采用的是多釜串联模型。所谓多釜串联模型是将一个实际反应器中的返混情况与若干个全混流釜串联程度等效。这里的若干个全混釜个数 n 是虚拟值，并不代表反应器个数，n 称为模型参数。多釜串联模型假设每个反应器为全混釜，反应器之间无返混，每个全混釜体积相同，则可以推导多釜串联反应器的停留时间分布函数关系，并得到无量纲方差 σ_θ^2 与模型参数 n，它们之间存在关系为

$$n = \frac{1}{\sigma_\theta^2} \tag{6-16}$$

当 $n = 1$，$\sigma_\theta^2 = 1$，为全混釜特征；

当 $n \to \infty$，$\sigma_\theta^2 \to 0$，为平推流特征。

这里 n 是模型参数，是个虚拟釜数，并不限于整数[2]。

四、实验装置和流程

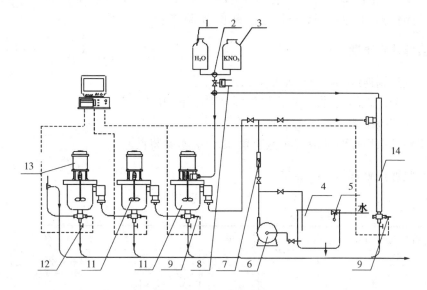

图 6-7　实验装置流程图

1—清洗水储罐；2—三通阀；3—KNO_3储罐；4—水槽；5—浮球阀；6—水泵；7—流量计；8—电磁阀；
9—电导电极；10—釜；11—螺旋桨搅拌器；12—排放口；13—搅拌马达；14—管式反应器

实验装置如图 6-7 所示。各釜式反应器容积为 1.5 L,其直径 110 mm,高 120 mm,材质为有机玻璃。管式反应器内径 10 mm,高 1.3 m,材质为有机玻璃。搅拌马达功率为 25 W,转数 90~1 400 转/min,无级变速调节。液体(水)流量为 0~100 L/h。电磁阀控制示踪剂进入量为 5~10 mL/次。

五、实验操作

1. 准备工作

(1) 将 KNO_3 溶液注入标有 KNO_3 的储瓶内。

(2) 连接好入水管线,打开自来水阀门,使管路充满水。

(3) 检查电极导线连接是否正确。

2. 操作

(1) 通电,开启电源开关。启动水泵,慢慢打开进水转子流量计的阀门(初次通水必须排净管路中的所有气泡,特别是死角处)。调节水的流量为 20 L/h,向釜内通水,调整釜内水面高度保持稳定。

(2) 分别开启釜 1、釜 2、釜 3 的搅拌马达开关,再调节马达转速的旋钮,使搅拌转速调至 300 r/min。开启电导仪总开关,按电导率仪使用说明书分别调零、调温度和调节电极常数等。调整完毕,备用(电导仪的使用方法见该仪器使用说明书)。

(3) 启动计算机系统程序,达到操作状态。

(4) 系统稳定后,用计算机控制电磁阀注入 KNO_3 示踪剂,阀开时间为 3 s,同时进行数据采集,观察屏幕上曲线是否正常。20 min 后停止数据采集。储存数据,隔 10 min 重复一次。

(5) 搅拌速度改为 500 r/min,按照上面相同的步骤重新实验。

（6）为了保护系统，清洗示踪剂加入系统。方法是将 KNO_3 槽切换至清水槽，按照加示踪剂的操作方法，清洗 3～4 次（此时阀开时间可调长，如 5～10 s）。

（7）关闭仪器、电源、水源，排清釜中料液，实验结束。

六、实验注意事项

（1）系统达到连续的常态流动后，再注入示踪剂。

（2）示踪剂注入的同时，计算机操作需同时按下"开始"。

（3）每次实验中数据采集结束后，储存数据。

（4）实验结束后按要求清洗实验装置，以保护实验装置。

七、实验数据处理与分析要求

1. 数据记录表

搅拌转数/(r/min)		300			500		
釜次		1	2	3	1	2	3
平均停留时间 $\bar{t}$/min	1						
	2						
	平均值						
方差 σ_t^2	1						
	2						
	平均值						
模型参数 n	1						
	2						
	平均值						
备注							

2. 数据处理和分析要求

（1）计算出单釜与三釜系统的平均停留时间 $\bar{t}$，并与理论值比较，分析偏差的原因。

（2）计算方差 σ_t^2 与模型参数 n，讨论系统的返混程度大小。

（3）讨论如何限制返混或加大返混大小。

八、思考题

（1）何谓返混？产生返混的原因是什么？限制返混的措施有哪些？

（2）测定停留时间分布的方法有哪些？本实验采用哪种方法？

（3）为什么说返混与停留时间分布不是一一对应的？为什么又可以通过测定停留时间分布来研究返混？

（4）模型参数与实验中反应器的个数有何不同？为什么？

（5）全混反应器具有什么样的特征？如何用实验的方法判断搅拌釜是否达到全混反应

器的模型要求？若尚未达到,应如何调整实验条件使其接近这一理想模型。

九、参考文献

［1］朱炳辰.化学反应工程［M］.北京:化学工业出版社,2002.

［2］梁斌,段天平,唐盛伟.化学反应工程［M］.北京:科学出版社,2010.

§6.7　管式循环反应器停留时间测定

一、实验内容

(1) 用脉冲示踪法测定管式循环反应器的停留时间分布。

(2) 改变循环比,确定不同循环比下管式循环反应器系统的返混程度。

(3) 观察管式循环反应器的流动特征。

二、实验目的

(1) 了解连续均相管式循环反应器的返混特性。

(2) 分析观察连续均相管式循环反应器的流动特征。

(3) 研究不同循环比下的返混程度,计算模型参数 n 。

三、实验原理

停留时间分布的问题存在于各种连续操作过程之中,停留时间分布的应用主要可以分为两类:一类是定性,主要用于对现有操作设备流动情况的诊断,即通过对某一设备在操作时停留时间分布的测定来判断该设备是否存在短路、死角、沟流等不正常的流动状况;另一类则是定量,主要是应用流动模型描述非理想流动并预测反应结果,以用于反应器的设计和操作模拟分析。在工业生产上,为了控制反应器中反应物的合适浓度,以便控制温度、转化率和收率,同时需要使物料在反应器内由足够的停留时间,并具有一定的线速度,而将反应物的一部分物料返回到反应器进口,使其与新鲜的物料混合再进入反应器进行反应。在连续流动的反应器内,不同停留时间的物料之间的混合称为返混。对于这种反应器循环与返混之间的关系,需要通过停留时间分布实验来测定。

在连续均相管式循环反应器中,若循环流量等于零,则反应器的返混程度与平推流反应器相近,由于管内流体的速度分布和扩散,会造成较小的返混。若有循环操作,则反应器出口的流体被强制返回反应器入口,也就是返混。返混程度的大小与循环流量有关,通常定义循环比 R 为:

$$R = \frac{循环物料的体积流量}{离开反应器物料的体积流量}$$

循环比 R 是连续均相管式循环反应器的重要特征,可自零变至无穷大。

当 $R = 0$ 时,相当于平推流管式反应器。

当 $R = \infty$ 时,相当于全混流反应器。

　　因此,对于连续均相管式循环反应器,可以通过调节循环比 R,得到不同返混程度的反应系统。一般情况下,循环比大于 20 时,系统的返混特性已经非常接近全混流反应器。然而返混程度的大小,一般很难直接测定,通常是利用物料停留时间分布的测定来研究。测定不同状态的反应器内停留时间分布时,发现相同的停留时间分布可以有不同的返混情况,即返混与停留时间分布不存在一一对应的关系,因此不能用停留时间分布的实验测定数据直接表示返混程度,而要借助于反应器数学模型来间接表达。

　　停留时间分布的测定方法有脉冲法与阶跃法等,常用的是脉冲法。当系统达到稳定后,在系统的入口处瞬间注入一定量 Q mol 的示踪物料,同时开始在出口流体中检测示踪物料的浓度变化。

　　由停留时间分布密度函数的物理含义,可知

$$E(t)dt = V \cdot C(t)dt/Q$$

$$Q = \int_0^\infty VC(t)dt$$

　　所以

$$E(t) = \frac{VC(t)}{\int_0^\infty VC(t)dt} = \frac{C(t)}{\int_0^\infty C(t)dt}$$

　　由此可见 $E(t)$ 与示踪剂浓度 $C(t)$ 成正比。因此,本实验中用水作为连续流动的物料,以饱和 KCl 作示踪剂,在反应器出口处检测溶液电导值。在一定范围内,KCl 浓度与电导率值成正比,则可用电导率值来表达物料的停留时间变化关系,即 $E(t) \propto L(t)$,这里 $L(t) = L_t - L_0$, L_t 为 t 时刻的电导值,L_0 为无示踪剂时电导值。

　　由实验测定的停留时间分布密度函数 $E(t)$ 有两个重要的特征值,即平均停留时间 $\bar{t}$ 和方差 σ_t^2,方差是反映停留时间分布离散程度的数字特征,而停留时间分布的离散程度反映了反应器中物料的返混状况,可由实验数据计算得到。$\bar{t}$ 和 σ_t^2 可表示为:

$$\bar{t} = \frac{\int_0^\infty tE(t)dt}{\int_0^\infty E(t)dt} = \frac{\int_0^\infty tC(t)dt}{\int_0^\infty C(t)dt}$$

$$\sigma_t^2 = \frac{\int_0^\infty (t-\bar{t})^2 E(t)dt}{\int_0^\infty E(t)dt} = \frac{\int_0^\infty (t-\bar{t})^2 C(t)dt}{\int_0^\infty C(t)dt}$$

　　若用离散形式表达,并取相同时间间隔 Δt, 则:

$$\bar{t} = \frac{\sum tC(t)\Delta t}{\sum C(t)\Delta t} = \frac{\sum t \cdot L(t)}{\sum L(t)}$$

$$\sigma_t^2 = \frac{\sum t^2 C(t)}{\sum C(t)} - (\bar{t})^2 = \frac{\sum t^2 L(t)}{\sum L(t)} - \bar{t}^2$$

　　若用无因次对比时间 θ 来表示,即:

$$\theta = t/\bar{t}; \sigma_\theta^2 = \sigma_t^2/\bar{t}^2$$

　　在测定了一个系统的停留时间分布后,如何来评介其返混程度,则需要用反应器模型来描述,这里采用多釜串联模型。多釜串联模型是将一个实际反应器中的返混情况作为与若干个全混釜串联时的返混程度等效。多釜串联模型假定每个反应器为全混釜,反应器之间无返混,每个全混釜体积相同,则可以推导得到多釜串联反应器的停留时间分布函数关系,并得到无因次方差 σ_θ^2 与模型参数 n 存在关系为

$$n = 1/\sigma_\theta^2$$

这里的若干个全混釜个数 n 是虚拟值,并不代表反应器个数,n 称为模型参数。

四、实验装置和流程

　　实验装置如图 6-8 所示,其主要由管式反应器和循环系统组成。管式反应器为连续均相管式反应器,内装磁拉西环为填料;循环泵开关在仪表屏上控制,通过调节阀调节不同的循环水量,从而改变循环比;总的进水流量由转子流量计调节,流量直接显示在仪表屏上,单位是:L/h。

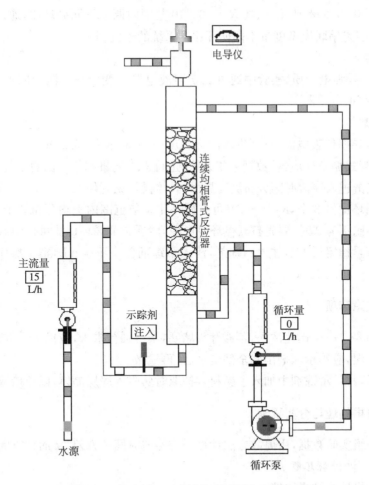

图 6-8　管式循环反应器停留时间分布测定装置

实验时,进水从转子流量计调节流入系统,稳定后在系统的入口处(反应管下部进样口)

快速注入示踪剂(0.5 mL左右),由系统出口处电导电极检测示踪剂浓度变化,并显示在电导仪上,并可由记录仪记录。电导仪输出的毫伏信号经电缆进入 A/D 卡,A/D 卡将模拟信号转换成数字信号,由计算机集中采集、显示并记录,实验结束后,计算机可将实验数据及计算结果储存或打印出来。

五、实验操作

1. 实验准备

实验试剂:饱和氯化钾溶液;

实验器具:500 mL 烧杯两只,5 mL 针筒两支,7♯针头两个;

示踪剂进样:可抽清水模拟操作;

循环泵:操作控制面板上循环泵开关按钮,并进行循环比控制流量计的调节操作;

数据采集系统:进入数据采集系统操作:开始→结束→保存→打印。

2. 实验要求

控制系统的进口流量 15 L/h,在 $R = 0 \sim 10$ 范围内调节不同循环比,通过测定停留时间分布,并借助多釜串联模型度量不同循环比下系统的返混程度。

3. 分析方法

示踪剂 KCl 是强电介质,实验中通过测定溶液电导率变化来检测示踪剂浓度变化,从而显示其停留时间。

4. 实验步骤

(1) 打开电导率仪表电源,打开进水阀,调节总进水流量为 15 L/h。

(2) 打开"管式循环反应器"数据采集系统,进行进水流量和循环比的设置(此时循环比为 0),设置后点击进入停留时间分布测量界面,具体操作见附件。

(3) 实验循环比做 3 个,$R=0 \sim 10$(可在循环比调节范围内平均分布 3 个点,循环比为 0 必选);当循环比不为 0 时,要先打开循环泵电源,然后调节循环比流量控制器至指定值。

(4) 调节流量稳定后方可注入示踪剂,注入示踪剂要小于 1 mL,整个操作过程中注意控制流量。

六、实验注意事项

(1) 示踪剂要求一次迅速注入,若遇针头堵塞,不可强行推入,应拔出后重新操作。

(2) 一旦失误,应等示踪剂出峰全部走平后,再重做。

(3) 为便于观察,示踪剂中加入了颜料。抽取时勿吸入底层晶体,以免堵塞。

七、实验数据处理与分析要求

(1) 选择一组实验数据,用离散方法计算平均停留时间和方差,从而计算无因次方差和模型参数,要求写清计算步骤。

(2) 与计算机计算结果比较,分析偏差原因。

(3) 列出数据处理结果表。

(4) 讨论实验结果。

八、思考题

(1) 何谓循环比? 循环反应器的特征时什么?

(2) 计算出不同条件下系统的平均停留时间,分析偏差原因。

(3) 计算模型参数 n,讨论不同条件下系统的返混程度大小。

(4) 讨论如何限制返混或加大返混程度。

九、参考文献

[1] 乐清华. 化学工程与工艺专业实验(第二版)[M]. 北京:化学工业出版社,2008.

[2] 上海师范大学、福建师范大学编. 化工基础(第三版)[M]. 北京:高等教育出版社,2004.

附件:管式循环反应器停留时间分布在线测定软件操作方法

打开电脑,双击《单管测定.EXE》文件,进入停留时间分布测定等待界面,该界面采用 Splash 屏幕,在经过数秒延迟后,装入主窗体(mainform)。

在单管的"进水量 $Q=$ "和"循环比 $R=$ "对话框中分别输入当时的值。在实验中根据实际需要可同时进行单管的操作(不同的循环比如 $R=0$、$R=2$、$R=4$ 等)。准备进入到下一级窗体有两种途径:一种是点击"继续";另一种是单击主窗体中的图像框。当鼠标移至图像框范围内,其背景色会发生变化,起提示作用,此时单击即可进入采样界面。

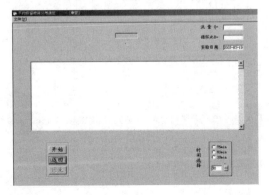

进入单管采样界面后,首先在时间选择框中输入所需的时间,在系统稳定后,再用鼠标

点击"开始"按钮,同时快速在注射口用注射器注入 0.5 mL 的 KCl 示踪剂至系统中,窗体中的图像框中会显示出来停留时间密度分布曲线。

在采样结束后,可选取[文件]菜单中的"存盘"和"打印"功能,或选择"计算结果显示",则出现一个小窗体可给出平均停留时间、方差、无因次方差和釜数这四个主要参数。

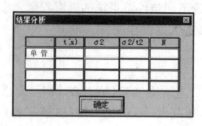

实验结束后,返回主窗体,退出实验。

第 7 章 化工原理实验仿真

§7.1 化工原理实验仿真的内容

"仿真"一词译自英文 simulation,通常译作"模拟",仿真是利用系统模型对真实系统或设想系统的本质和规律进行研究、分析和实验的方法。高校化工原理实验教学中的仿真实验则是以真实的实验原理、实验现象、实验过程和实验数据为基础,在计算机上通过动态数学模型进行模拟实验现象,通过互动 3D 动画模拟在现场的真实操作,并产生和真实实验一样的操作结果。

它主要包括六方面的内容。

(1) 选择不同的实验装置。

(2) 实验指导:与实验讲义相关的内容介绍,包括实验目的、实验原理、实验设备、计算公式以及注意事项等。

(3) 素材演示:播放相关教学内容的多媒体课件,包括与实验有关的录像资料,真实设备的照片等素材,主要用于学生的自学。

(4) 仿真操作:对虚拟装置进行仿真操作。操作界面直观、简洁、友好,使学生读取数据方便而不失真实。

(5) 数据处理:对实验操作的结果,进行数据的记录、计算、绘制曲线。数据记录由学生自己完成,软件自动生成记录表格由学生填写,数据处理部分不但可以计算并将结果自动列表,还可以将数据在坐标图上自动描点,然后准确的回归并画出连续、平滑的曲线,通过连接的打印机将实验报告打印出来。这一部分也可以由学生手动计算。

(6) 考题测试:通过网络题库、采用标准化试卷对学生进行测试。也可自行出题。

§7.2 化工原理实验仿真设计平台

仿真系统的开发有两种方案,一是利用某种语言直接开发,二是利用某个平台开发。采用后者时,不仅维护修改容易,而且可大大缩短开发周期,因此已成为仿真系统开发的主流。

化工原理实验仿真软件系统的开发设计中不可避免地使用了包括文本、图形、动画、视频、声音、音效等多种多媒体数据制作技术。目前国内大多数化工实验仿真软件程序部分采用了 Microsoft Visual Basic 6.0 和 Monitor and Control Generated System(MCGS)作为核心开发工具,其他辅助开发工具有 Microsoft Office 2000、PhotoShop、Premiere、

VideoStudio、CoreDraw、AutoCAD、PhotoStyler、Animater、3DMAX 和 Windows 下的附件等软件等。因为制作过程也比较简单,采用 Flash 等网络流媒体形式开发的化工仿真实验课件也比较丰富。国内外多用 MATRIXx 和 MATLAB 作为动态过程仿真的制作和运行的开发平台。

§7.3 化工原理实验仿真的优点

仿真实验与传统的化工原理实验相比较,具有以下明显的优点。

(1) 仿真实验能满足大批量的实验教学需求,为学生提供了全面动手的机会。学生可在仿真机上反复进行操作训练,这在真实中是难以实现的。化工原理实验装置一般价格高、占地大,实验时要求学生之间相互配合,因此每个学生只能进行部分的操作,不能全面操作。而仿真实验由于由每个学生利用仿真实验软件在计算机上运行,可以解决这一问题。

(2) 学生可以对化工原理实验装置进行仿真操作。高质量的仿真器具有较强的交互性能。使学生在仿真实习过程中能够发挥主动性。化工原理的实验目的主要是对原理的验证。在仿真实验软件上,学生可以利用计算机对化工原理实验装置进行不同的仿真操作,产生与实际使用化工实验装置进行现场操作实验相同的结果,同样达到真实实验的效果。

(3) 仿真实验教学形象逼真。仿真实验的计算技术、图形和图像技术可以方便、迅速而形象地再现出教学实验装置、实验过程和结果,可以设定各种事故和极限的运行状态,尤其是可以进行真实实验根本不允许进行的操作,从而提高学生的分析能力和在复杂情况下的决策能力。这种既具体形象又生动逼真的教学,能使学生产生如亲临实验现场一般的体验。

(4) 仿真实验系统具有开放性。仿真实验系统中有许多开放接口,包括题库、在线网页形式的操作指导、辅助教学课件等。利用它的开放性,教师可以自己制作教学课件代替软件中标准的教学课件,同时还可以修改已有的实验题目或编制新题目,增强了教师的参与感。

(5) 仿真实验软件极具扩展性。由于仿真实验采用模块化开发技术,这样不仅便于软件的扩展,而且可以增加新的实验装置,使教师可以根据需要自行增加内容。

(6) 安全性。仿真实验的安全性体现在两个方面。其一是学生在仿真器上进行事故训练不会发生人身危险,其二是不会造成设备破坏和环境污染。因此,仿真实验是一种最安全的实验方法。

(7) 节省开支。采用仿真实验技术可以节省实验教学中的设备运行费、物料能量损耗费、实验人员下厂经费等大量开支。

§7.4 化工原理实验仿真的开展方式

高校化工原理实验教学中的仿真实验一般可分以下两种情况进行。

第一种情况是学校没有化工原理实验装置,可以利用仿真实验完全代替真实实验,模拟实验操作效果;或者只有一小部分装置,不能够完成教学大纲规定的关于实验开出率的要求,可利用仿真实验弥补缺少的实验。

　　第二种情况是学校拥有完整的化工原理实验装置,但由于学生比较多,教师无法保证每个学生都可以独立完成实验,因而在学生用真实实验装置进行实验之前,可以先配以仿真实验进行模拟操作,完成实验预习,再进行真实实验,强化教学效果,二者结合,使教学效果更好。

§7.5　国内化工原理实验仿真系统的研究

　　国内有代表性的化工实验仿真系统主要有:① 化工原理实验仿真实验系统,北京东方仿真控制技术有限公司发行;② 化工过程仿真实习软件,北京学林网软件技术有限公司发行;③ 高等学校化工原理实验 CAI 系统,高等教育出版社出版;④ 中山大学虚拟化工实验;⑤ 清华大学化工系化工原理实验课程;⑥ 化工原理实验 CAI 课件,南京理工大学。

　　系统 1,2,3 是基于 Windows 操作环境的仿真实验系统,属于传统单机仿真实验类型,能进行较完整的仿真实验操作和相关实验数据处理,部分系统还具备基本的实验操作评价功能;但不可在浏览器环境下操作仿真实验,应用范围有一定的局限性。系统 4,5,6 是采用 Html 或 Flash 技术研制的,可以在浏览器环境下使用,属于网络仿真实验类型,但是不能方便、完整地操作仿真实验,也不具备操作绩效评价等功能,与传统单机仿真实验相比,有很多功能需要进一步完善。

§7.6　化工原理实验仿真部分

　　本章主要介绍北京东方仿真控制技术有限公司发行的化工原理实验仿真实验系统。

一、化工原理仿真实验可提供的实验内容

　　该化工原理仿真实验系统可提供以下实验内容:离心泵性能曲线测定,流量计的认识和校验,流体阻力系数测定,传热实验(水-蒸汽),传热实验(空气-蒸汽),精馏(乙醇-水),精馏实验(乙醇-丙醇),吸收实验(氨-水),吸收实验(丙酮),干燥实验,板框过滤实验 。

二、启动实验

　　用鼠标点击【开始】→【程序】→【东方仿真】→【化工原理实验仿真 2.0】,启动实验,出现如图 7-1 所示画面。

　　将鼠标移动到所要进行的实验名称的相应条目上,用鼠标左键点击即可启动实验。

三、系统功能

　　下面以流体阻力系数、离心泵特性曲线测定两个实验为例,介绍本软件共有的系统功能,包括菜单的功能和内容,一些共有设备的调节方法,以及某些部分的使用方法等。通过

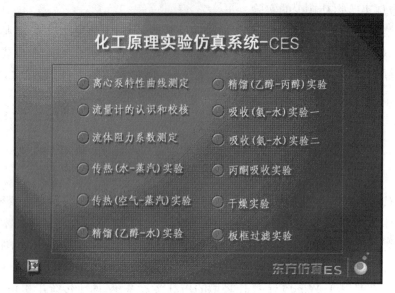

图 7-1　系统启动画面

这两个实验的介绍希望读者能举一反三,掌握其他实验的仿真实验操作。

以"流体阻力系数测定"实验为例,主菜单界面如图 7-2 所示。

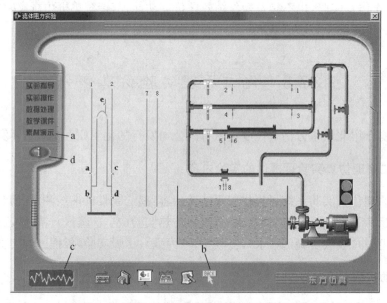

图 7-2　流体阻力系数测定实验的主菜单界面

主界面的菜单分两部分,包括左侧菜单(图中方框 a,d 所圈部分)和下方菜单(图中方框 b,c 所圈部分)。

左侧菜单为系统调用菜单,用于调用主界面以外的其他窗口,包括实验指导、实验操作、数据处理、教学课件、素材演示。下面分别介绍这五个窗口。

实验指导——主要介绍实验的相关内容,包括实验原理、设备介绍、计算公式、注意事项等。

　　实验操作——详细的操作指导,相当于一般 Windows 程序的帮助文件,可按 F1 键调出。

　　数据处理——数据处理窗口,包括数据的记录、计算,曲线的绘制或公式的回归等内容。

　　教学课件——包含与实验内容相关的教学课件,采用开放式设计,教师可以用自己制作的课件代替。

　　素材演示——真实设备的照片、录像等素材的演示。

　　若要启动以上某个窗口,需将鼠标移动到以上相应项目上,点击左键即可。

　　下方菜单为系统功能菜单,包括一些系统的设置以及一些实验的功能,有自动记录、记录授权、思考题、声音控制、打印设置、退出六项。下面分别加以介绍。

　　▨——自动记录按钮,可以自动记录下当前的实验数据,并储存在数据处理的原始数据部分,但需要在授权中心获得授权。

　　▨——参数设置按钮,可以修改当前实验设备的参数或实验条件,但需要在授权中心获得授权。

　　▨——思考题按钮,与实验有关的标准化试题测试以及实验操作的评分,采用开放式设计,教师可以加入自己编的思考题。

　　▨——网络控制按钮,可通过连接教师站获得实验配置信息、提交实验报告。

　　▨——授权中心按钮,用于向用户提供各种权利的授权。

　　▨——退出按钮,退出实验到实验菜单(实验上篇或实验下篇)。

　　若要使用以上功能,需将鼠标移动到相应的项目上,此时菜单左侧的说明框(图中方框 c 所圈部分)会出现文字说明,点击鼠标左键即可。

　　图中方框 d 所圈部分为软件的信息,包括软件的版本号,开发人员等内容,用鼠标左键点击可出现信息窗口。

　　下面详细介绍各项功能。

　　1. 授权中心的使用

　　点击下方菜单的授权中心按钮,出现授权中心画面,如图 7-3 所示。

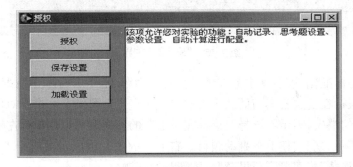

图 7-3　"授权中心"画面

　　将鼠标放在左边的按钮上,右边的文本框中即显示出该按钮功能。点击【授权】按钮,即弹出密码输入框。输入正确密码后,系统就会确认您拥有配置的权利,如图 7-4 所示。选择需要的权限,点击【确定】。

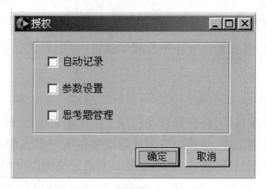

图 7-4 选择需要的权限

一般以上三个功能都应选中。

2. 思考题测试的使用方法

点击【思考题】会出现思考题登录窗口,输入班级和学号后点击【确定】进入思考题主界面,主界面如图 7-5 所示。

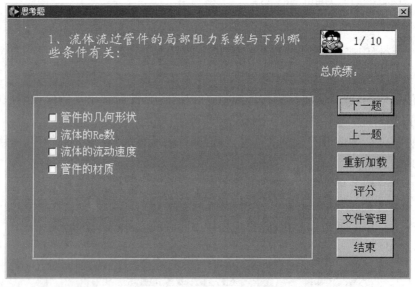

图 7-5 "思考题"主界面

思考题均为标准化试题,其中上方淡绿色文字为题干,下方方框中所列的为备选答案。答题时只需用鼠标在要选答案前面的小方框中左键点击即可画上一个小对勾,表示已选择,再次点击后,对勾消失,表示不选择。选择完一道题的答案后可以用鼠标左键点击窗口右侧的【上一题】或【下一题】按钮上下翻动题目。右上角的图片框表示共有十道题,当前为第一题。点击"重新加载"按钮可刷新思考题,重新开始答题。

点击【评分】按钮可查看思考题得分与实验操作评分,如图 7-6 所示。

点击【结束】按钮回到主界面。

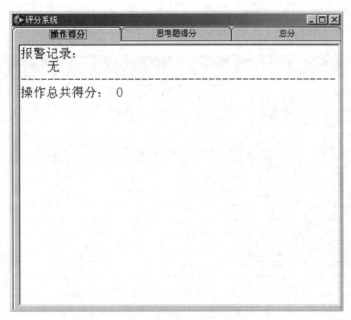

图 7-6　"评分系统"窗口

3. 数据处理的使用

点击左侧菜单中的数据处理,弹出数据处理窗口,如图 7-7 所示。

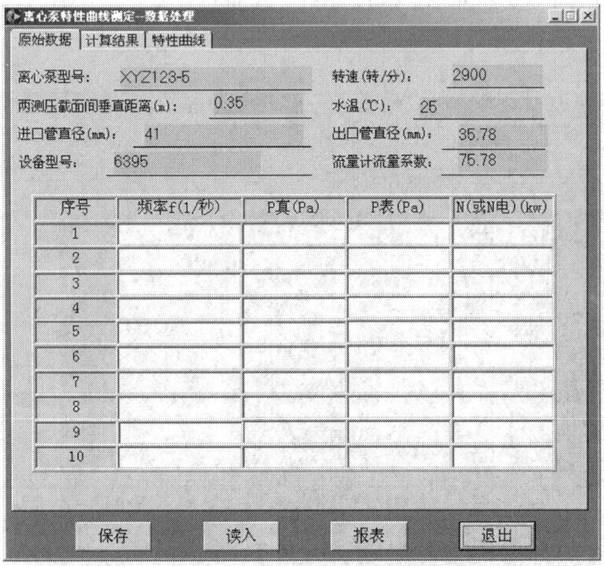

图 7-7　"数据处理"窗口

实验人员可在"原始数据"窗口中直接填入数据,如使用自动记录功能,系统会自动填入数据。

（1）数据计算

填好数据后,如果不采用"自动计算"功能,则可以在"原始数据"页面找到计算所需的参数。如果要使用“自动计算”功能，在相应的“计算结果”页面点击“自动计算”即可，数据即可自动计算并自动填入，如图 7 - 8 所示。

序号	流量Q(m³/s)	扬程(m液柱)	N(或N电)(kw)	η(或η总)(%)
1	4.679056E-03	13.50836	1.42	43.4032
2	4.402267E-03	15.02641	1.38	46.74141
3	4.072756E-03	16.74733	1.34	49.63388
4	3.479636E-03	18.96741	1.26	51.07643
5	3.031501E-03	20.48221	1.2	50.45478
6	2.530644E-03	21.79296	1.1	48.88817
7	2.082509E-03	22.90439	1.03	45.15623
8	1.687096E-03	23.20004	.95	40.17485
9	1.159879E-03	23.59816	.84	31.77318
10	7.381046E-04	23.59171	.74	22.94536

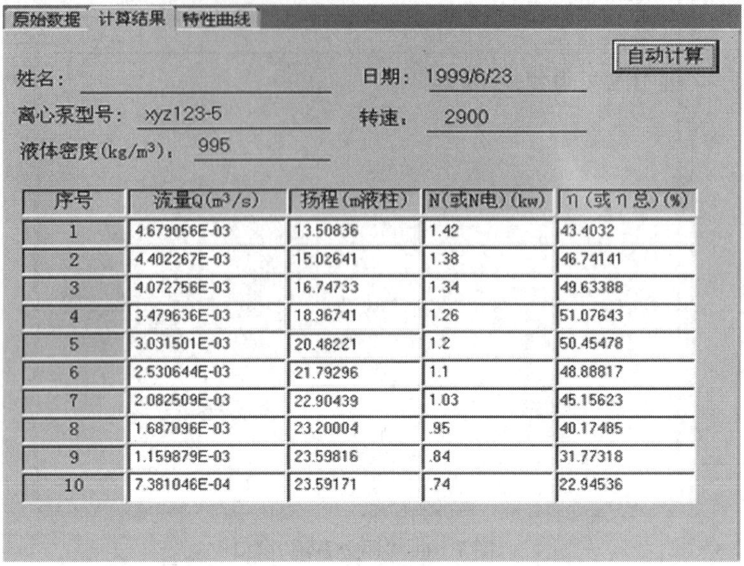

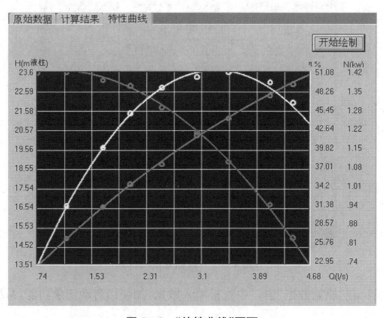

图 7 - 8 “计算结果”页面

(2) 特性曲线绘制

计算完成后，如图 7 - 9 所示在“特性曲线”页面点击【开始绘制】，即可根据数据自动绘制出曲线。

图 7 - 9 “特性曲线”页面

4. 实验报告

（1）点击"数据处理"窗口下面一排按钮中的【报表】按钮，即可调出"实验报表"窗口，如图7-10所示。

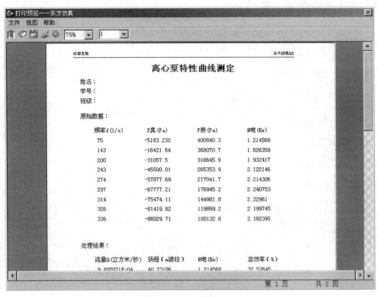

图 7-10　"实验报表"窗口

（2）点击"文件"菜单下的【保存】按钮，将报表文件命名后保存，拷贝给教师，等待统一打印结果，如图 7-11 所示。

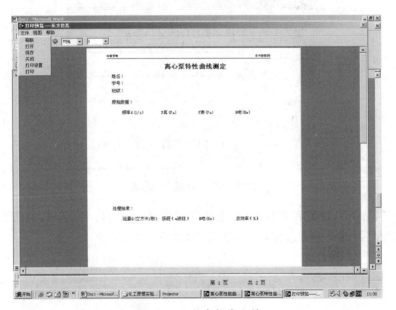

图 7-11　保存报表文件

需注意的是，一定要在此界面下保存实验报表，使系统自加的文件后缀为".rpt"而不是"ESS"。前者文件可以文本方式打开，对有关信息进行修改，这种文件格式可将全班的报告文件在 DOS 操作下执行"copy ＊.rpt hebing.rpt"命令,使全报的报表文件合并成一个文件名为"hebing.rpt"的文件。打开这个文件可将全班的报表一次性地打印出来。而后者即 ESS 格式的文件是在"数据处理"界面下保存的,可在此界面下读入。自动计算后,进入"实验报告"界面保存即可转换为 rpt 格式。

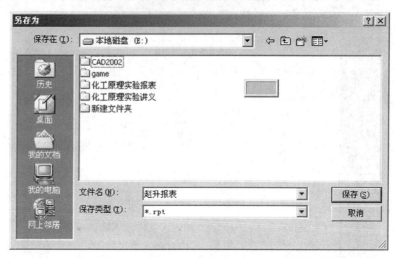

图 7－12　保存报表

5. 网络控制(学生站)

点击下方菜单的"网络控制",弹出连接对话框,如图 7－13 所示。

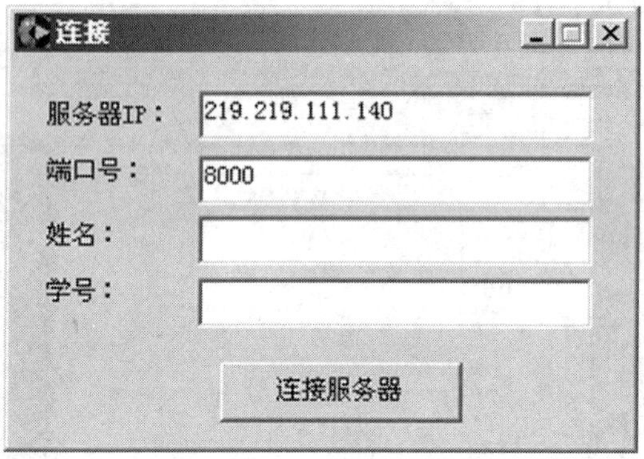

图 7－13　"连接"对话框

　　输入服务器的 IP 地址和端口号(可由教师站获得),填写姓名,学号,点击连接服务器按钮,过一段时间后,即可连入服务器,如图 7－14 所示。

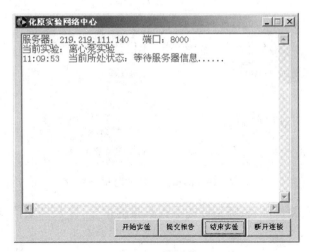

图 7‑14　化原实验网络中心

　　图中显示当前正准备接受来自服务器的信息,此时教师站即可向该学生站发送配置信息。当学生站接受完信息后,会有提示信息,如图 7‑15 所示。

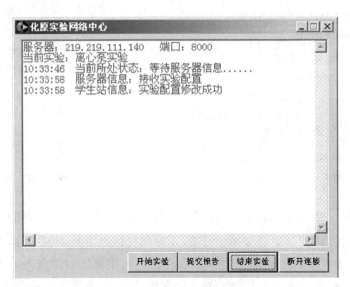

图 7‑15　接收成功的提示信息

　　当服务器确认实验配置信息传送正确后,会传递开始实验的信息。

　　将此窗口最小化,注意不要关闭窗口,开始实验(此时如点击开始实验按钮可向教师站回传开始实验的信息)。

　　实验结束,并生成实验报告。做完所有思考题后,点击提交报告按钮,将出现一选择文件窗口。选择生成的实验报告文件,点击打开,即可将此文件传到教师站上。如图 7‑16所示。

图 7-16　选择生成的实验报告文件

最后点击结束实验,可向教师站传送本次实验的得分,以及结束信息,并断开与教师站的连接。

6. 阀门的调节

阀门是实验过程中经常要调节的设备,点击可调节的阀门会出现阀门调节窗口,如图 7-17 所示。

图 7-17　阀门调节窗口

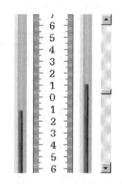

图 7-18　放大压差计

图中方框 0 中显示的数字为阀门开度,范围是 0~100。若要增加开度,用鼠标左键点击 ▲ ,每次可增加 5 开度。若要减少开度,用鼠标左键点击 ▼ ,每次可减小 5 开度。也可以在开度显示框中直接输入所需的开度,然后在窗口内用鼠标右键点击关闭窗口即可。注意,如果用鼠标左键点击窗口右上角的 ✕ 关闭窗口,则输入的开度将不会被应用。另外,如果输入的开度小于 0,按 0 计;大于 100,按 100 计。

7. 压差计读数

实验中的压差计在设备图中都比较小,用鼠标左键点击即可放大,如图 7-18 所示(右键点击恢复)。

压差计中的介质有很多种,颜色各不相同。为了便于读数,系统将介质的颜色统一为红色,但是其中的介质种类要以具体实验为准。用鼠标拖动滚动条可以读取压差计两边的液柱高度,即可得到两边液柱的高度差,进而求得压差。

§7.7　化工原理实验仿真示例

流体阻力实验

一、实验原理

　　流体在管道内流动时,由于流体的黏性作用和涡流的影响会产生阻力。流体在直管内流动阻力的大小与管长、管径、流体流速和管道摩擦系数有关,它们之间存在如下关系。

$$h_f = \frac{\Delta p_f}{\rho} = \lambda \frac{lu^2}{2d} \tag{7-1}$$

$$\lambda = \frac{2d\Delta p_f}{\rho lu^2} \tag{7-2}$$

$$Re = \frac{du\rho}{\mu} \tag{7-3}$$

　　式中:d——管内径,m;

　　　　　Δp_f——直管阻力引起的压强降,Pa;

　　　　　u——流速,m/s;

　　　　　ρ——流体的密度,kg/m^3;

　　　　　μ——流体的黏度,N·s/m^2。

　　直管摩擦系数 λ 与雷诺数 Re 之间有一定的关系,这个关系一般用曲线来表示。在实验装置中,直管段管长 l 和管径 d 都已固定。若水温一定,则水的密度 ρ 和黏度 μ 也是定值。所以本实验实质上是测定直管段流体阻力引起的压强降 Δp_f,与流速 u(流量 V)之间的关系。

　　根据实验数据和式(7-2)可计算出不同流速下的直管摩擦系数 λ。用式(7-3)计算对应的 Re,从而整理出直管摩擦系数和雷诺数的关系,绘出 λ 与 Re 的关系曲线。

　　对于局部阻力,则有

$$h_f = \xi \cdot \frac{u^2}{2} \tag{7-4}$$

　　式中,ξ 为局部阻力系数,它与流体流过的管件的几何形状以及流体的 Re 有关。当 Re 大到一定程度以后,ξ 与 Re 数无关,成为定值。

　　或者可以近似地认为局部阻力的损失相当于某个长度的直管引起的损失,即

$$h_f = \lambda \cdot \frac{l_e}{d} \cdot \frac{u^2}{2} \tag{7-5}$$

　　式中:l_e——管件的当量长度,由实验测得。

二、实验设备和流程

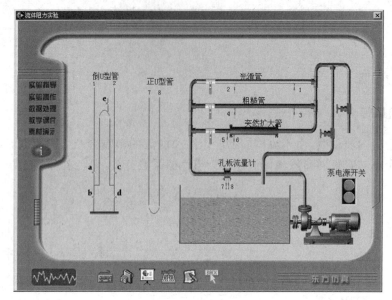

图 7-19　实验设备和流程

设备参数：

光滑管：玻璃管，管内径＝20 mm，管长＝1.5 m，绝对粗糙度＝0.002 mm。

粗糙管：镀锌铁管，管内径＝20 mm，管长＝1.5 m，绝对粗糙度＝0.2 mm。

突然扩大管：细管内径＝20 mm，粗管内径＝40 mm。

孔板流量计：开孔直径＝12 mm，孔流系数＝0.62。

三、实验操作

第一步：开泵。

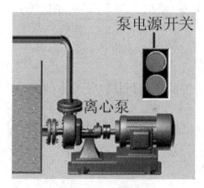

图 7-20　开泵装置

图 7-21　调节倒 U 形压差计

因为离心泵的安装高度比水的液面低，因此不需要灌泵。直接点击电源开关的绿色按钮接通电源，就可以启动离心泵，开始实验。

第二步：管道系统排气以及调节倒 U 形压差计。

将管道中所有阀门都打开,使水在 3 个管路中流动一段时间,直到排尽管道中的空气。然后点击倒 U 形压差计,会出现一段调节倒 U 形压差计的动画。最后关闭各阀门,开始试验操作。

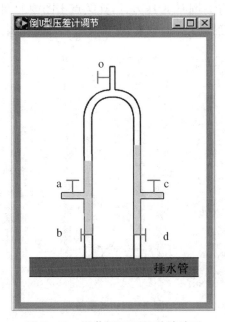

图 7－22　调节倒 U 形压差计动画

第三步:测量光滑管数据。

(1) 在光滑管中建立流动

启动离心泵并调节倒 U 形压差计后,如图 7－23 所示。依次调节阀 1、阀 2、阀 3 的开度大于 0,即可建立流动。关闭粗糙管和突然扩大管的球阀,打开光滑管的球阀,使水只在光滑管中流动。

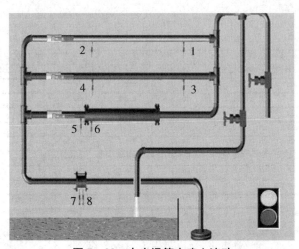

图 7－23　在光滑管中建立流动

(2) 读取数据

用鼠标左键点击正或倒 U 形压差计,即可看到如图 7－24 所示的画面(红色液面只是作指示用,真实装置可能为其他颜色,如水银为银白色)。倒 U 形压差计的取压口与管道上的取压口相连,正 U 形压差计的取压口与孔板的取压口相连。用鼠标上下拖动滚动条即可读数。实验中每一管路均有一倒 U 形压差计,连续点击图中的倒 U 形压差计即可在 3 个倒 U 形压差计中切换。倒 U 形压差计上方的数字标出了与该管相连的管路。

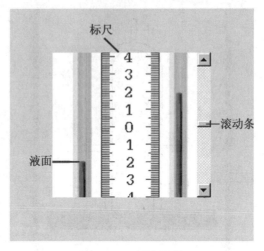

图 7 - 24　读取数据

注意:读数为两液面的高度差,单位为 mm。

（3）记录数据

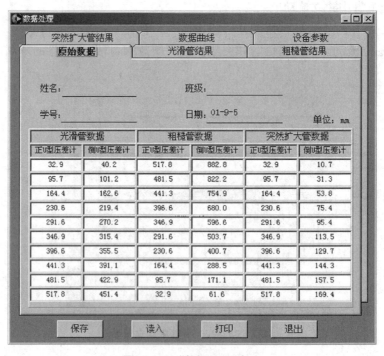

图 7 - 25　"数据处理"窗口

用鼠标左键点击实验主画面左边菜单中的【数据处理】,可调出"数据处理"窗口。点击原始数据页,按标准数据库的操作方法在正 U 形压差计和倒 U 形压差计两栏中分别填入从正 U 形压差计和倒 U 形压差计所读取的数据。

注意:如果您使用自动记录功能,则当您点击【自动记录】时,数据会被自动写入而不需手动填写。

(4) 记录多组数据

调节阀门开度以改变流量,重复第(2)~(3)步实验。为了实验精度和回归曲线的需要至少应测量 10 组数据以上。

完成后进入下一步测量粗糙管数据。

第四步:测量粗糙管数据。

(1) 在粗糙管中建立流动

完成光滑管数据的测量和记录后,在粗糙管中建立流动。

(2) 测量并记录数据

测量粗糙管的数据与测量光滑管的数据的操作步骤相同,重复测量光滑管数据的第二~四步,为了实验精度和回归曲线需要至少应测量 10 组数据以上。

完成后进入下一步测量突然扩大管数据。

第五步:测量突然扩大管数据。

(1) 在突然扩大管中建立流动

完成粗糙管数据的测量和记录后,在突然扩大管中建立流动。

(2) 突然扩大管数据的测量记录

测量突然扩大管的数据与测量光滑管的数据的操作步骤相同,重复测量光滑管数据的第二~四步,为了实验精度和回归曲线的需要至少应测量 10 组数据以上。完成后进入数据处理。

注意事项:

(1) 为了接近理想的光滑管,我们选用了玻璃管,实际上在普通实验室中很少采用玻璃管。

(2) 为了更好地回归处理数据,请尽量多的测量数据,并且尽量使数据分布在整个流量范围内。

(3) 在层流范围内,用阀门按钮调节很难控制精度,请在阀门开度栏内自己输入开度数值(阀门开度小于 5)。

(4) 对于突然扩大管,系统做了简化,认为阻力系数是定值,不随 Re 变化。

四、数据处理

第一步:原始数据记录。

注意:由于三组数据的格式相同,请注意不要混淆。

第二步:数据计算。

填好数据后,如果不采用"自动计算"功能,则可以在数据处理的"设备参数"页面得到计算所需的设备参数。

如果要使用"自动计算"功能,在相应的"计算结果"页面点击【自动计算】,数据即可自动计算并自动填入数据库。

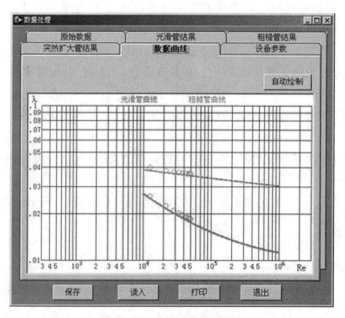

光滑管数据		粗糙管数据		突然扩大管数据	
正U型压差计	倒U型压差计	正U型压差计	倒U型压差计	正U型压差计	倒U型压差计
32.9	40.2	517.8	882.8	32.9	10.7
95.7	101.2	481.5	822.2	95.7	31.3
164.4	162.6	441.3	754.9	164.4	53.8
230.6	219.4	396.6	680.0	230.6	75.4
291.6	270.2	346.9	596.6	291.6	95.4
346.9	315.4	291.6	503.7	346.9	113.5
396.6	355.5	230.6	400.7	396.6	129.7
441.3	391.1	164.4	288.5	441.3	144.3
481.5	422.9	95.7	171.1	481.5	157.5
517.8	451.4	32.9	61.6	517.8	169.4

图 7 - 26　"数据处理"窗口

第三步:曲线绘制。

计算完成后,如图 7 - 27 所示在"数据曲线"页面点击【自动绘制】即可根据数据自动绘制出曲线。

图 7 - 27　"数据曲线"页面

五、实验报告

(1) 点击"数据处理"窗口下面一排按钮中【报表】按钮即可调出"实验报表"窗口。

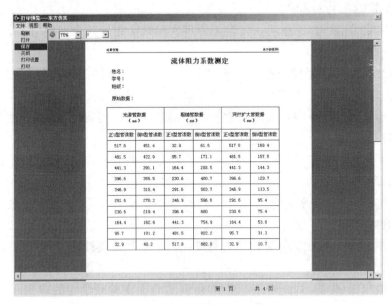

图 7 - 28　实验报表窗口

(2) 点击窗口中的【文件】菜单,出现下拉文件菜单,选择【保存】。在打开的保存窗口中命名报表文件(学号＋姓名＋实验名称.rpt,例:0811204_赵升_流体阻力.rpt),将此报表文件发送给教师,等待统一打印。

六、参考文献

[1] 吕长和,孙虹,朱仁发. 现代实验技术在"化工原理"实验教学中的应用[J]. 合肥学院学报:自然科学版,2009,19(1):86—89.

[2] 赵文辉,刘晓东,夏万东,等. 化工仿真训练系统在石油化工类专业实习中的应用[J].河北化工,2009,32(1):75—77.

[3] 胡孝贵,谢素雯,罗六保,等. 关于化工仿真与实际操作结合的实训模式研究[J].职业教育研究,2009(1):107—108.

[4] 邱平,甘荣荣,闰晓琦,等. 理科高校化学院系中的化工基础实验教学改革方向的研究[J].实验技术与管理, 2008, 25(6):34—39.

[5] 庞文生. CAI仿真软件在药学专业化工原理实验教学中的应用[J]. 中国现代教育装备, 2008,59(1):76—77.

[6] 汪雪琴,张贝克,吴重光. 改革实习模式,提高大学生综合素质[J]. 实验科学与技术, 2008, 6(4):83—85.

[7] 袁中凯,尚会建,任少锋."化工原理实验仿真系统"软件的开发[J]. 实验室科学, 2007(5):77—78.

[8] 李明田. 浅谈化工原理仿真实验在教学实践中的研究[J].中国科教创新导刊,2007(454):70.

[9] 周爱东,王庆,杨红晓. 仿真技术应用于化工原理实验教学的创新实践[J]. 实验技术与管理,2007,24(3):84—86.

[10] 周锡堂,郑秋霞,邹纲明,等. 化工原理实验教学中的几个问题[J].化工高等教育,2007(3):45—47.

[11] 李宗明,王晟,夏毅. 化工原理实验仿真网络化课件制作的初探[J].化工时刊,2007,21(12):75—77.

[12] 王小红,张可,孙中亮.化工原理仿真实验技术的应用研究[J].实验室科学与技术,2007,5(4):78—80.

[13] 刘天霞,姬鸿斌. 仿真实习在化学工程专业教育中的应用[J].石油化工应用,2007,27(2):88—90.

[14] 孟宪锋. 仿真技术在化工专业实践教学中的应用[J]. 中国现代教育装备,2007(11):128—129.

[15] 王萍,郑超,张宏志.计算机仿真系统在化工原理实验教学中的应用[J]. 中国现代教育装备,2006(3):8—9.

[16] 陈旭冰,赵俊英,刘光明.化工原理仿真实验在实验教学中的应用[J].大理学院学报,2006,5(2):89—90.

[17] 毛磊,童仕唐,梁文懂,等. 化学工程专业仿真实践教学的探讨[J].高等理科教育,2005(4):87—89.

[18] 李民丽,邓文生,马王俊美,等.化工网络仿真实验系统的研究[C].2005 年全国仿真技术学术会议论文集,计算机仿真,2005(zl):69—73.

[19] 谷红兵. 刍议化工原理计算机仿真实验教学[J]. 太原理工大学学报:社会科学版,2005,23(zl):161—163.

[20] 沈鋆,钱才富. 高校专业实验多媒体仿真的设计与实现[J].计算机仿真,2004,21(2):163—166.

[21] 张忠林,段东红,郝晓刚. 化工单元操作实验仿真软件的开发与实践[J]. 太原理工大学学报:社会科学版,2003,21(zl):83—85.

[22] 李金云. 浅谈高校化工原理实验教学中的计算机辅助教学——仿真实验[J]. 潍坊学院学报,2002,2(2):103—104.

[23] 荆涛,赵光,田景芝.DCS 仿真系统在教学中的应用[J].齐齐哈尔大学学报,2002,18(2):75—77.

[24] 陈朝晖,曹志凯,江青茵. 化学反应工程实验仿真系统[J].厦门大学学报:自然科学版,2002,41(6):782—785.

[25] 化工原理实验仿真实验系统手册.北京东方仿真控制技术有限公司.